无菌加工与包装原理

（第三版）

编著　菲利普·E. 纳尔逊

编译　天津科技大学食品科学与工程专业国家级教学团队

PRINCIPLES OF ASEPTIC
PROCESSING AND PACKAGING

3RD EDITION

天津大学出版社
TIANJIN UNIVERSITY PRESS

内容简介

美国普渡大学 Scholle 首席学者，普渡大学食品科学系主任（1984—2003），美国食品科学与技术学会主席（2001—2002），2007 年世界粮食奖获得者菲利普·E. 纳尔逊（Phillip E. Nelson）教授根据其科学研究与工业实践的丰富经验编著了《无菌加工与包装原理（第三版）》。该书系统阐述了无菌加工与包装的化学、微生物学、工程学、包装学、工程学系统设计和品质管理的基本原理。天津科技大学食品科学与工程专业国家级教学团队为了加强食品科学与工程的教学和科研编译了该书。它可以作为高等学校和高等职业学校食品、乳品、果蔬、包装等专业教材或辅助教材，特别适用于流体食品的加工与包装的教学和科研，还可以作为从事食品行业科学研究、产品开发、工程设计、质量保证、生产管理人员的参考资料。

天津市版权局著作权合同登记图字02-2020-195号

图书在版编目(CIP)数据

无菌加工与包装原理：第三版 / (美) 菲利普·E. 纳尔逊 (Phillip E.Nelson) 编著；天津科技大学食品科学与工程专业国家级教学团队编译. -- 天津：天津大学出版社, 2021.4
书名原文：PRINCIPLES OF ASEPTIC PROCESSING AND PACKAGING,3RD EDITION
ISBN 978-7-5618-6908-6

Ⅰ.①无… Ⅱ.①菲… ②天… Ⅲ.①食品加工—无菌加工②食品包装—无菌技术 Ⅳ.①TS205②TS206

中国版本图书馆CIP数据核字(2021)第073310号

出版发行		天津大学出版社
地	址	天津市卫津路92号天津大学内(邮编:300072)
电	话	发行部:022-27403647
网	址	www.tjupress.com.cn
印	刷	廊坊市海涛印刷有限公司
经	销	全国各地新华书店
开	本	185mm×260mm
印	张	13.5
字	数	343千
版	次	2021年4月第1版
印	次	2021年4月第1次
定	价	49.00元

作者简介

菲利普·E.纳尔逊（Phillip E. Nelson）生于1934年。美国普渡大学教授和普渡大学 Scholle 首席学者，普渡大学食品科学系主任（1984—2003），美国食品科学与技术学会主席（2001—2002）。他最著名的工作是散装食品无菌加工和包装以及使用二氧化氯气体和过氧化氢对液体食品与接触面进行商业灭菌。他教授食品保藏和产品开发课程，协助美国和国外的食品加工者进行无菌加工与包装。无菌加工与包装的产品在2004年印度洋地震和2005年卡特里娜飓风的救灾工作中发挥了重要的作用。由于他在无菌散装食品加工与储存方面的杰出工作，他获得了2007年世界粮食奖。此前，1976年获得第一次授予大学研究人员的工业成就奖。1995年，获得美国食品科学与技术学会的最高荣誉——尼古拉斯·阿佩特奖。两年后，获得美国农业部部长授予的美国农业部部长个人和专业卓越奖。他曾任职于美国政府，包括：美国农业部国家农业研究、推广、教育和经济顾问委员会，美国农业部特种作物委员会和美国农业部农业与自然资源委员会。

编译者简介

　　本书编译者——天津科技大学食品科学与工程专业国家级教学团队长期从事食品科学与工程的教学和科研，主持建设国家级精品课程和国家级精品资源共享课程"食品技术原理"，主持建设国家级双语示范课程"食品科技导论"，主持建设国家级精品视频公开课"食品技术与文化"。本团队主编的《食品技术原理（第二版）》获中国轻工业优秀教材一等奖，《食品工艺学实验技术》获中国石油与化学工业联合会优秀教材二等奖。翻译出版国外优秀食品科学与工程专业教材《食品科学与工程导论》。本团队获国家级优秀教学成果二等奖一项，天津市优秀教学成果奖一等奖一项、二等奖二项。

编译者的话

无菌加工与包装的食品不含病原生物和腐败微生物,可以在环境温度下储存、运输和销售。早在20世纪40—50年代, Dole, Tetra Pak等企业开发推广了该技术,迄今对于流体食品,无菌加工几乎取代了预包装杀菌食品的加工。从超市货架上的牛乳消费包装到通过货船运输到世界各地的散装橙汁,无菌加工与包装以其生产规模巨大、质量安全、环境友好、易于运输,满足了多方面消费者和加工者的需求。在过去的几十年中,无菌散装储存和分销彻底改变了全球食品贸易。例如,全球每年收获约90%以上的新鲜番茄经无菌加工和包装,供各地全年再制造成为各种食品。该技术不仅为世界诸多不具备冷藏条件的国家和地区中加工和保藏易腐食品作出了重要的贡献,还多次用于全球危机局势中所需饮用水和紧急食品援助。世界各地持续建设新的无菌加工设施,科技人员不断开发新的无菌加工与包装技术,对于今日与未来的食品科学家和工程师来说,理解和掌握该技术的进展至关重要。

各国食品科学家在20世纪80年代开始建立描述无菌加工连续杀菌原理的数学模型,进而促进了流体食品的大规模加工。国外在食品工程领域中多有专著或专门的章节阐述无菌加工与包装,如 *Continous Thermal Processing of Foods Pasteurization and UHT Sterilization*(2000)、*Unit Operations in Food Engineering*(2002)和 *Handbook of Aseptic Processing and Packaging*(2012)。国内吉林大学殷涌光等于2006年出版了《食品无菌加工技术与设备》,阐述了无菌加工与包装技术的基本原理和工艺流程并列举了应用实例。

美国普渡大学的 Philip E. Nelson 等人根据食品工业的需求于2010年出版了 *Principles of Aseptic Processing and Packaging* 3rd(2010)。该书系统地阐述了无菌加工与包装的化学、微生物学、工程学、包装学、工程学系统设计和品质管理的基本原理。该书在科学理论之外,还包括实际工业技术经验和政府管理法规,并提供了生产加工与包装设备、包装材料和加工助剂的企业名称。该书可以作为高等学校和高等职业学校食品、乳品、果蔬、包装等专业教材或辅助教材,特别适用于流体食品的加工与包装的教学和科研,还可以作为从事食品行业科学研究、产品开发、工程设计、质量保证、生产管理人员的参考资料。

为了加强食品科学与工程专业课程的建设,特别是流体食品热加工方面的教学,天津科技大学食品科学与工程专业国家级教学团队编译了该书。编译本为符合我国出版标准,采用了国际单位制。在书后附录英文缩略语表,以方便读者。

本书分工如下:

赵　征　第一章　序言

贾原媛　第二章　无菌加工系统的设计

隋文杰　第三章　无菌加工过程中停留时间分布

李红娟　第四章　无菌加工与包装食品的微生物学

刘　锐　第五章　无菌加工食品的化学

高文华　第六章　无菌包装技术

赵国忠　第七章　无菌加工与包装操作系统的建立

孟德梅　第八章　美国无菌加工与包装法规

赵征、贾原媛、隋文杰审校全书。本书在编译过程中得到高强教授、李洪波博士、杨晨博士的热情帮助和指导,研究生侯晓宇、王钊颖、胡春蕊、时培东参加了校对的事务工作,在此一并表示衷心感谢。

由于科学技术的进步,本书个别章节内容已经落后于实际,我们相信读者能够认识并纠正,由于编译者水平和时间的限制,本书肯定存在错误和疏漏,我们诚挚地欢迎读者批评指正。

天津科技大学食品科学与工程专业国家级教学团队

2021 年 5 月 1 日

目　　录

第1章　绪言 ··· 1

第2章　无菌加工系统的设计 ··· 3

  2.1　概述与历史视角 ··· 4

  2.2　无菌加工的工程要素 ··· 6

    2.2.1　流量控制 ··· 6

    2.2.2　产品加热和冷却 ··· 8

    2.2.3　直接加热和冷却 ··· 8

    2.2.4　间接加热和冷却 ··· 10

    2.2.5　保持管 ·· 14

    2.2.6　反压 ··· 15

    2.2.7　脱气器 ·· 15

    2.2.8　无菌缓冲罐 ·· 16

  2.3　无菌加工设计概述 ·· 16

  2.4　热细菌学 ·· 18

  2.5　质量评价 ·· 21

  2.6　流体流动和流速分布 ··· 22

  2.7　流体类型 ·· 22

  2.8　层流和湍流 ··· 24

  2.9　雷诺数 ··· 25

  2.10　传热系统设计 ·· 27

  2.11　热过程计算 ··· 30

  2.12　工艺计算示例 ·· 31

  2.13　加工颗粒食品 ·· 34

  2.14　用于无菌加工的微波连续加热 ·· 36

  2.15　热过程的控制 ·· 37

  2.16　总结 ·· 38

参考文献 ·· 38

第 3 章　无菌加工过程中停留时间分布 ·· 42

3.1　平均停留时间 ··· 43

3.2　各种流动形式的 $F(t)$ 曲线 ··· 44

　3.2.1　层流 ··· 44

　3.2.2　平推流 ·· 45

　3.2.3　连续搅拌釜反应器 ·· 46

　3.2.4　通道 ··· 46

　3.2.5　死区 ··· 47

3.3　$E(t)$ 曲线 ··· 48

3.4　各种流动形式的 $E(t)$ 曲线 ··· 49

　3.4.1　层流的 $E(t)$ 曲线 ·· 49

　3.4.2　平推流的 $E(t)$ 曲线 ·· 49

　3.4.3　连续搅拌釜反应器的 $E(t)$ 曲线 ······································ 50

　3.4.4　通道的 $E(t)$ 曲线 ·· 50

　3.4.5　死区的 $E(t)$ 曲线 ·· 50

3.5　折合时间 ··· 51

3.6　$E(t)$ 与 $F(t)$ 曲线对比 ··· 52

3.7　统计注意事项 ··· 59

3.8　特定换热器的流动特性 ·· 60

　3.8.1　管式换热器 ·· 60

　3.8.2　板式换热器 ·· 61

　3.8.3　刮板式换热器 ··· 61

3.9　非均相食品加工过程的停留时间分布 ······································ 62

　3.9.1　刮板式换热器 ··· 62

　3.9.2　保持管 ·· 63

参考文献 ·· 65

第 4 章　无菌加工与包装食品的微生物学 ·· 68

4.1　食品安全和微生物导致的食品腐败 ··· 70

4.2　微生物种类 ·· 70

　4.2.1　细菌和芽孢 ·· 70

　　4.2.2　酵母 ·· 71

　　4.2.3　霉菌 ·· 71

　4.3　微生物来源 ··· 71

　4.4　微生物的生长 ··· 72

　4.5　食品 ·· 73

　4.6　低酸、酸化和高酸食品 ·· 75

　4.7　破坏和杀灭微生物 ·· 76

　　4.7.1　D 值 ·· 77

　　4.7.2　Z 值 ·· 78

　　4.7.3　F_0 值 ·· 82

　4.8　无菌果汁中脂环酸芽孢杆菌属的耐热性 ································· 82

　4.9　含颗粒食品的热加工条件 ··· 82

　4.10　设备、加工环境和包装的加工 ·· 83

　　4.10.1　加工设备消毒 ·· 84

　　4.10.2　加工设备和包装杀菌 ·· 87

　4.11　加工过程和包装体系的商业无菌验证 ···································· 88

　4.12　微生物挑战测试 ··· 89

　4.13　低酸和酸化食品法规 ·· 90

　4.14　食品安全和食品质量管理体系 ·· 90

　参考文献 ·· 93

第 5 章　无菌加工食品的化学 ··· 100

　5.1　活化能 ··· 100

　　5.1.1　加速化学反应 ·· 101

　　5.1.2　测定活化能 ··· 102

　　5.1.3　解释活化能 ··· 107

　5.2　无菌加工食品的化学变化 ··· 110

　　5.2.1　酶作用 ·· 111

　　5.2.2　褐变反应 ··· 116

　　5.2.3　与氧气有关的问题 ··· 120

　　5.2.4　营养和风味变化 ·· 124

　　5.2.5　天然色素的变化 ·· 125

　　5.2.6 　测量化学变化的技术 ·· 125

　5.3 　货架寿命 ··· 126

　致谢 ··· 127

　参考文献 ··· 127

第6章 　无菌包装技术 ··· 137

　6.1 　无菌包装的历史 ··· 137

　6.2 　包装的功能与目标 ·· 138

　6.3 　包装的开发 ··· 140

　　6.3.1 　食品的特性 ··· 140

　　6.3.2 　环境、运输和配送危害信息 ··· 140

　　6.3.3 　营销信息 ··· 141

　　6.3.4 　包装信息 ··· 141

　　6.3.5 　总体系统方法 ··· 143

　6.4 　无菌加工食品包装材料 ·· 143

　　6.4.1 　聚合物包装材料的性能 ·· 144

　　6.4.2 　复合多层结构 ··· 149

　　6.4.3 　选择合适的包装材料 ·· 152

　6.5 　无菌加工食品的包装 ·· 153

　　6.5.1 　包装成型方法 ··· 154

　　6.5.2 　包装类型和特点 ··· 156

　6.6 　无菌包装系统 ··· 159

　6.7 　包装完整性问题 ··· 160

　6.8 　无菌包装系统的选择 ··· 162

　6.9 　无菌包装未来的发展趋势 ·· 164

　致谢 ··· 164

　参考文献 ··· 165

第7章 　无菌加工与包装操作系统的建立 ·· 173

　7.1 　产品灭菌设备 ··· 174

　　7.1.1 　产品对设备选型的影响 ·· 174

　　7.1.2 　产品流量的确定和控制 ·· 175

　　7.1.3 　监视器和控制器 ··· 175

7.2　加工系统灭菌 ······················ 176

7.3　无菌性的维护 ······················ 177

7.4　预定程序的建立 ···················· 178

7.4.1　确定关键因素 ················ 178

7.4.2　热过程计算 ·················· 179

7.4.3　工艺确定 ···················· 181

7.5　无菌包装系统 ······················ 181

7.5.1　系统描述 ···················· 181

7.5.2　关键因素 ···················· 183

7.5.3　生物测试 ···················· 183

7.6　无菌包装完整性 ···················· 184

7.6.1　预生产检验 ·················· 186

7.6.2　基材质量 ···················· 186

7.7　等待调查（HFI）程序 ·············· 186

7.7.1　规格偏差处理 ················ 186

7.7.2　确定 HFI 数量 ··············· 187

7.7.3　确定 HFI 包装的处置 ········· 187

7.8　包装机械 ·························· 187

7.9　抽样程序 ·························· 187

7.9.1　生产线目视检测 ·············· 187

7.9.2　无菌包装目视检查程序 ········ 188

7.9.3　纸板包装拆解程序 ············ 188

7.9.4　柔性包装的拆解程序 ·········· 189

7.9.5　成型、填充和密封容器剥离试验程序 ···· 189

7.10　包装完整性的测试方法 ············· 190

参考文献 ································· 191

第8章　美国无菌加工与包装规定 ··········· 193

8.1　FDA 法规 ························· 193

8.1.1　良好的加工控制培训 ·········· 194

8.1.2　权威机构 ···················· 194

8.1.3　流程建立和流程归档 ·········· 194

8.1.4　FDA 严谨的保守态度 ·· 196

8.1.5　包装杀菌剂 ·· 196

8.2　A 级高温灭菌乳法令（PMO） ··· 197

8.3　USDA 法规 ··· 197

结论 ·· 198

附录　英文缩略语表 ··· 199

第 1 章　绪言

Philip E. Nelson

赵征　编译

回顾近几年,人们可以看到食品行业发生了巨大变化,事实上,这个行业一直在持续变化。因此,本书需要出版第 3 版。目前,改变食品包装是该行业的重点,无菌灌装塑料瓶是增长最快的领域之一。我们的目标是开发价格便宜,质量轻,环境友好,易于运输并且最重要的是满足消费者需求的容器。由于这些原因,无菌加工与包装作为商业上可行的技术已经积极地进入美国和世界的食品分销系统。

令人惊讶的是,无菌加工与包装是一项相当新的技术。1795 年尼古拉斯·阿佩特发明罐头加工已经超过 200 年了,而无菌加工应用于商业消费性包装仅大约 50 年,甚至更晚,例如,在美国从 1982 年才开始商业无菌包装,其重要的里程碑如下:

20 世纪 80 年代:食品药品监督管理局(FDA)批准过氧化氢用于消费性包装杀菌;

20 世纪 70 年代:无菌箱中袋;

20 世纪 60 年代:无菌散装储存;瑞士无菌牛乳;

20 世纪 50 年代:无菌包装桶;

20 世纪 40 年代:Martin,Dole 等的无菌罐藏。

1981 年 2 月 FDA 批准了过氧化氢限制性用作包装杀菌剂。加热的过氧化氢几乎可以立即杀灭微生物,并可快速灌装操作。更重要的是,该批准提供了层压纸板和薄膜在消费性包装中的应用。今天,层压纸板和薄膜已经得到广泛的应用。全球现有 34 家无菌灌装设备制造商、美国有 600 多家无菌系统制造商。无菌加工与无菌包装如图 1-1 所示。

$$\left.\begin{array}{l}\text{产品} \rightarrow \text{加热} \rightarrow \text{冷却} \\ \text{包装材料} \rightarrow \text{杀菌}\end{array}\right\} \text{在杀菌的包装室灌装} \rightarrow \text{密封}$$

图 1-1　无菌加工与无菌包装示意图

无菌加工是在连续的封闭系统中进行商业无菌的灭菌过程。高效的换热器在该系统中提供高温短时间(HTST)和超高温(UHT)加热,产品在包装前快速冷却,由于提高了温度,缩短了时间,无菌加工能够保持较多的营养素和良好的感官质量。然而,过度加工和考虑过多安全因素往往抵消了上述优点。孔径很小的膜过滤器可以去除微生物,实现透明溶液的冷灭菌。

现有多种方法可用于食品的热杀菌和冷却,例如:①间接管板加热;②刮板加热;③蒸汽直接喷射;④蒸汽扩散;⑤微波直接加热;⑥非热——高压。

特定产品需要使用特定的换热器,本书将在后面的章节中讨论它们的优点和缺点。

脱气对于无菌加工的封闭系统很重要。由于大多数食品中都会有被阻隔和包裹的空气,所以在流程中,杀菌前必须脱气,排除空气可以提高产品质量,延长保质期。

高温加工含有小颗粒的产品是无菌技术的限制因素,这些小颗粒在加热和冷却过程中经常失去形状和形态。但是,泵送、加热和其他设备的改进为克服这些障碍提供了光明的前景。FDA 没有驳回含有小颗粒产品的上市申请,目前在市场上可以发现含有小颗粒的无菌产品。

统计无菌抽样虽然很重要,但是连续加工产品难以进行大量而全面的微生物评价,质量保证必须依赖过程控制。幸运的是,由于无菌过程自动化的进展,尽量消除了人为因素的干扰,使重点放在预防而非检测。现有的设备可以防止杀菌产品的再污染。

无菌容器具有多种尺寸和形状,从小型消费性包装到 3 785 t 及以上的散装储罐。箱中袋技术在过去几年获得了显著的发展。它们的容量从 7.6 L 到 1 136 L 不等,使用性能令业界印象深刻。它们最初的使用是为了在产品制造中重新使用包装容器,目前正在顺利地进入大规模的商业市场。

就消费性包装而言,包装产品的保质期一直是人们关注的主要问题。一些较新包装的透氧性高于与金属罐或玻璃罐,已发现其食品保质期较短。然而,具有更好阻隔性能的新包装材料正在进入市场,显著地减少了风味缺欠的问题。市场需求持续推动解决风味剥离和层压材料挤压不均匀的问题,而且这也是正在研究和开发的优先领域。今天,许多使用的包装系统已经出现了很大的进步。

总之,无菌加工已经在食品行业中确立了一席之地,具有影响更大的光明前景。世界范围内正在继续建造新的无菌设施。

在后边的章节中,作者们将重点讨论影响无菌包装过程成败的重要因素。与任何技术一样,改进和继续开发新的应用将积极地推动无菌加工与包装技术的发展。随着主要研究单位的兴趣和投入日益增长,无菌加工与包装的范围将继续扩大,在易腐食品的分销中发挥更大作用。没有合适冷链的国家正在迅速应用这项技术。

第2章　无菌加工系统的设计

Mark X. Morgan, Daryl B. Lund, and Rakesh K. Singh

贾原媛　编译

无菌加工系统的关键要素包括:①产品;②流量控制;③脱气;④产品加热;⑤保持管;⑥产品冷却和⑦包装(图 2-1)。产品的特性和物性决定了无菌加工系统的设计。产品的考虑包括:①液体还是夹带颗粒的液体;②颗粒的尺寸;③产品黏度;④产品色泽和营养成分的热敏性;⑤产品风味的挥发性和⑥产品的结垢(或蛋白质变性)的特性。

图 2-1 为无菌加工过程示意图。如图 2-1 所示,未灭菌的产品(虚线)经过调速泵(和脱气器,如果存在,则位于左上角),然后通过换热器的加热段,经反压阀或者泵获得高压,再通过保持管。如果产品满足正确的温度 - 时间组合,则继续通过换热器的冷却段。否则,产品通过分流阀回到流程的开始。在保持管之后,认为产品是商业无菌的(实线),下游一直

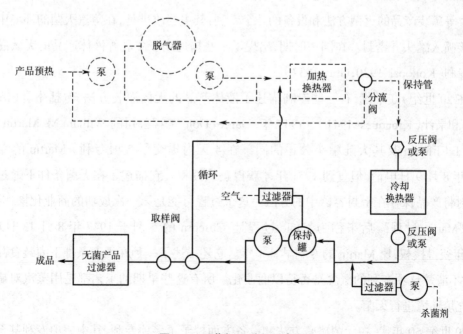

图 2-1　无菌加工过程示意图

到过滤器的组件,都必须进行无菌设计。无菌设备通常能够进行蒸汽灭菌,并隔绝细菌(微生物),以防止再次污染产品。

如果系统地识别和处理这些关键要素,就能设计一个无菌加工系统,以可接受的产品成本产生可接受的产品质量。无菌加工食品的系统在机械上并不十分复杂,但确实需要对操作人员进行全面深入的培训。大多数无菌加工系统包括计算机自动监测和关键变量控制,以确保产品安全和质量。本章介绍了无菌加工系统中所有的关键要素以及用于传热系统设计的热细菌学的基本原理,并提供计算示例。后面的章节将介绍为确保最佳性能而建立的监控系统程序。

2.1　概述与历史视角

无菌加工的概念相当简单,即在无菌环境中组合产品和包装之前,对产品和包装分别进行商业灭菌。1917 年,Dunkley 申请的美国专利描述了一种改进的罐装工艺,"在这种工艺中,加热并灭菌将要装罐的物料,在无菌的环境中装入无菌罐,并在上述罐头密封无菌的盖子,在无菌的环境中进行所有上述操作(Dunkley 1918)"。这可能是第一个描述我们今天所知道的"无菌加工"的美国专利。然而,直到 1930 年,大陆罐头公司(New York,NY)和美国罐头公司(New York,NY)才由代理人提交其他关于在无菌条件下将蒸汽直接注入罐头并装罐的专利。在整个 20 世纪 30 年代,美国罐头公司的 Charles O. Ball 及其同事申请了对蔬菜等罐装产品的灭菌方法和设备的几个专利:其主要改进是,在蒸汽灭菌的环境中将蒸汽直接喷入罐头并密封。在同一时期,出现了一些描述用于牛乳等液体产品的无菌灌装机器的专利(Konopak 1930;Gray 1937)。

在 20 世纪 40 年代,有一些专利描述了液体产品的无菌灌装方法,包括牛乳(Moeller 1941)和果汁(Kronquest 1941)。1947 年,James Dole 工程公司的 William M. Martin 和 La Verne E.Clifcorn 及其大陆罐头公司的同事在 4 天内提交了 2 项专利。Martin 的专利于 1947 年 8 月 9 日申请,但直到 1951 年才获得正式授权。它描述了在无菌条件下通过填充和密封将产品保存在密闭容器中的方法。这个过程可能是第一次成功的商业化操作,当时称为"Martin 过程",后来称为"Dole 过程"。Clifcorn 的专利于 1947 年 8 月 13 日申请,1950 年获得授权,比 Martin 的专利早了 1 年。它还描述了一种在无菌条件下灌装食品的方法,尚不清楚这项专利的概念是否得以商业化。所有这些早期的工艺都是用蒸汽对罐头容器和充填环境进行灭菌。

20 世纪 50 年代,在无菌罐藏方法和设备方面授予了多项专利,其中一项专利甚至还描述了金属桶支撑预杀菌塑料袋的无菌填充过程（Holsman and Potts 1954）。1961 年, 利乐公司（Tetra Pak）在瑞典隆德推出了第一个无菌纸盒, 即利乐"经典无菌"（Tetra Classic Aseptic）。该产品在高温下灭菌, 包装材料结合一层铝箔, 可使牛乳和其他产品在非冷藏的条件下保存数月。商标为 Tetra Brik 的产品于 1963 年首次商业化, 1968 年推出了 TBA 包装。直到 1981 年, 在美国食品药品监督管理局（FDA）最终批准过氧化氢（H_2O_2）可用于无菌包装的灭菌剂之后, TBA 系统登陆美国。Borden 公司（Columbus, Ohio）和 Ocean Spray 公司（Lakeville-MealdBuro, Massachusetts）迅速采用了 TBA 系统包装果汁产品。

自从第一个无菌过程商业化以来, 人们开展了许多研究, 改进特定的设备, 如换热器、保持管、无菌灌装机等, 并模拟各种流体食品的流动和传热特性。例如, 在整个 20 世纪 80 年代和 90 年代, 对从流体到颗粒的传热动力学和黏性流体中颗粒的流动进行了广泛的研究和建模。20 世纪 80 年代中期 Cambell Soup 公司首次成功地在无菌过程中加入颗粒物, 生产并在市场上试销了奶油状马铃薯汤、蘑菇汤和其他蔬菜汤, 其中含有尺寸约为 6.35 mm × 6.35 mm 的颗粒。

Tetra Pak 在 1997 年推广了一项颗粒物无菌加工的应用技术, 并在许多无菌加工的会议上发表了马铃薯汤的工艺文件, Sastry 和 Cornelius（2002）对此进行了详细报告。Tetra Pak 提交的产品收到了 FDA "无异议"的评价信, 但该产品从未商业化。

今天, 无菌加工特别适用于液体或含有小颗粒的液体, 无菌加工的技术随后可以用于布丁、果汁和果泥等液体食品的连续加工。无菌加工与传统的罐头工艺相比的第一个优点是可以无菌填充新型包装, 如可以用于微波加热的包装。用于无菌产品的轻质包装的成本通常高于传统的罐头包装, 但由于质量减轻而节省的运输成本通常会带来投资上的回报。

第二个优点是可以在如 150 ℃ 的超高温下加工, 从而缩短加工时间, 大多情况下能够提高产品质量。在无菌加工中可能采用超高温灭菌, 能够快速加热和冷却换热器中的产品, 而传统罐藏过程不可避免地需要较长启动时间。微波和欧姆加热等方法也显示出了由于快速加热而生产出质量更好的无菌产品的前景。

在设计无菌热处理工艺、生产货架寿命稳定的产品时, 首要目标是实现"商业无菌", 同时尽量减少对产品质量的负面影响。根据《联邦法规数据库》（CFR）第 21 篇第 1 章第 113 分章（缩写: 21 CFR 113）"密封容器包装低酸性食品的热力杀菌"将"热加工食品的商业无菌性"定义为: ①通过加热使食品不含（a）能够在正常的非冷藏储存和分销条件下在食品中繁殖的微生物; 和（b）对公共健康重要的活微生物（包括芽孢）; 或②通过控制水分活度（A_w）和使用热量, 使食品不含在正常非冷藏储存和分销条件下能够在食品中再繁殖的微生物。一般来说, 热处理对灭活病原体、腐败微生物和酶的难度依次增加。腐败微生物通常比致病菌更难灭活,而且某些酶比腐败微生物更耐热。对于 pH>4.6,A_w>0.85 的低酸性食品,热处理对于控制包括芽孢和腐败微生物在内的病原体至关重要。对于高酸或酸化食品,产品的酸碱度在控制微生物繁殖方面发挥了重要作用。因此,热处理设计可能侧重于控制耐热酶,这些酶会在非冷藏储存期间降低产品质量。

2.2　无菌加工的工程要素

2.2.1　流量控制

　　无菌加工依赖于产品的连续流动和包装的连续流动。本书在其他章节将述及与包装连续流动相关的元件。在此主要讨论产品的连续流动。产品依靠泵通过系统连续流动,在无菌加工系统的设计中,泵是重要的考虑因素。FDA 规定,"计量泵应位于保持管上游,并应保持所需的产品流量"。"计量泵(有时称为定时泵)通常是正位移泵,因为这种泵对压降的变化,没有离心泵敏感,这意味着,因打开和关闭分流阀或换热器中结垢,而发生压力波动时,流速更为恒定。

　　与闭环控制系统一起使用时,离心泵可充当计量泵。在这种情况下,还需要一个测量产品流量的流量计和一个改变泵的转速的变频器以及一个控制器。控制器将自动改变连接到离心泵的变频器的输入,以根据流量计测量的流量改变其速度。这种闭环反馈控制系统可以在压力波动时使产品流量保持恒定。用于流量控制的闭环系统如图 2-2 所示。在无菌加工系统中,离心泵也用作增压泵,以提升产品对产品换热器中的无菌产品的压力,对系统用热水进行初始杀菌,并在在线清洗(CIP)操作中提高流速。

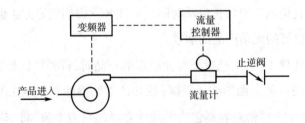

图 2-2　使用流量计、变频器(VFD)和离心泵的闭环流量控制系统示意图

　　根据黏度、颗粒、系统压降和成本等产品特性选择正位移泵的类型。当系统中的压降小于 1.03 MPa,且产品均匀或含有最大尺寸 <3.2 mm 的小颗粒时,旋转式正位移泵通常是最

经济的选择(图 2-3)。当均质产品的压降较高时,应使用高压活塞泵(图 2-4),在压力 >16.2 MPa 时,这种泵是唯一的选择。对于颗粒尺寸 <76.2 mm 的产品,可以选择往复活塞泵或螺杆泵(图 2-5)。

图 2-3　正位移旋转式罗茨泵

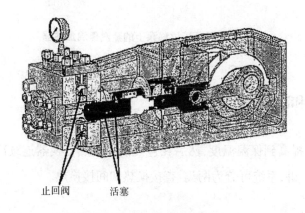

止回阀　　活塞

图 2-4　均质机的多级活塞泵

(来源:GEA Niro Soavi North America, Bedford, N.H)

进口

出口

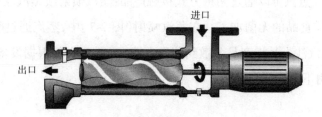

图 2-5　正位移螺杆泵

在无菌系统保持管之后的无菌侧使用的任何类型泵的设计都必须确保产品在操作过程中不会再次受到微生物的污染。这些无菌泵须保证对于细菌的密封性,且通常在泵的密封件和垫圈周围伴有蒸汽恒定流动,以保持关键区域的无菌性。图2-6示例了无菌正位移泵的蒸汽伴流。

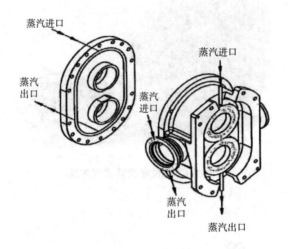

图 2-6   无菌正位移泵上的蒸汽保温加热器

2.2.2   产品加热和冷却

将产品的温度提高到保温温度,然后在包装前使用热交换器连续冷却产品。虽然有多种方法,但从本质上讲,系统可分为两类:直接换热和间接换热。

2.2.3   直接加热和冷却

在直接加热中,产品通过与蒸汽的直接接触实现加热,蒸汽冷凝,释放其潜热,以提高产品的显热(温度)。蒸汽可以通过两种方式接触产品:蒸汽喷射或蒸汽注入。这两种方式在商业上都用于流体食品的无菌加工。在蒸汽喷射(图2-7)中,蒸汽通过喷射器分散到产品中。另一方面,蒸汽注入是将产品分散到蒸汽环境中(图2-8)。根据设备的不同,产品可以喷入蒸汽中或自由下落呈薄膜分布。

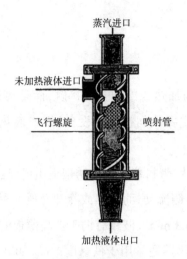

图 2-7　蒸汽喷射

（图中标注：蒸汽进口、未加热液体进口、飞行螺旋、喷射管、加热液体出口）

根据经验,在 37.8 ℃下加热每 10 kg 产品,大约产生 1 kg 冷凝蒸汽。因此,产品的稀释率为 10%。必须核算在产品配方中添加的水,否则须除去冷凝水。通常情况下,通过快速冷却产品来去除水分。将高温产品分散到真空容器中,这样蒸汽加热过程中加入的水会在冷却过程中闪蒸掉。闪蒸的潜热来自产品的显热,从而使产品冷却。由于加水会导致直接蒸汽加热的产品体积增加,因此在确定保持管的尺寸时有必要考虑这种情况,以达到适当的保温时间,最终达到预定的工艺致死时间。

直接加热的优点:①初始投资相对低;②加热和冷却最快速,几乎瞬时;③产品黏附(污染)最少;④占地空间最小;⑤没有移动部件;⑥产品在快速冷却时脱气。直接加热的缺点:①蒸汽冷凝水稀释产品;②需要不含不凝气的加热用蒸汽;③当注入蒸汽时、在蒸汽室喷入产品时,或当蒸汽从产品中快速离开时,产品可能因高剪切力而失稳;④需要控制蒸汽质量,确保没有来自锅炉的化学物质进入产品;⑤在瞬间冷却的过程中,可能会从产品中分离挥发性物质,从而导致风味变化;⑥很难控制产品的最终温度和固体含量。

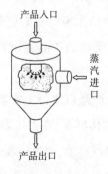

图 2-8　蒸汽注入

（图中标注：产品入口、蒸汽进口、产品出口）

2.2.4 间接加热和冷却

对于间接加热,产品不与加热或冷却介质接触,而是通过金属换热面传递热量。对于加热和冷却液体,有 3 种主要的间接加热设备:板式换热器、管式换热器和刮板式换热器。

板式换热器由许多波纹状、带衬垫的薄不锈钢板组成,这些不锈钢板在一个框架内排列在一起,使得产品在板的一侧流动,而加热或冷却介质在另一侧流动(图 2-9)。板上的波纹使板间间隙通常为 2.5~6.3 mm。波纹有助于提高薄板的刚度,增强产品流动的湍流,最终提高传热速率。板式换热器通常用于低黏度产品,如乳制品和果汁产品。一些板式换热器的规格说明其适用于黏度高达 30 Pa·s 的产品。有的设计声称可以处理含有小颗粒(<1.9 mm)和 / 或纤维的产品,但通常建议处理不含颗粒的液体。加热介质通常是热水或蒸汽。当产品特别容易结垢时,使用热水作为加热介质,以减小产品和加热介质之间的温差。

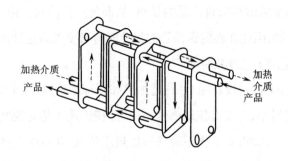

图 2-9 板式换热器

板式换热器中经常采用产品对产品的换热,以降低加热和冷却成本。这种被称为"再生"的做法,在预热进入设备的冷产品的同时冷却热产品。由于高温无菌产品间接用于预热低温非无菌产品,因此再生部分的操作绝对有必要使灭菌产品侧的压力大于非灭菌产品侧的压力。这种压差能够防止未灭菌的产品通过换热器任何内部缝隙泄漏到无菌产品中。

21 CFR 113 指出,必须在产品－产品再生器上安装一个精确的压差记录器－控制器。必须在灭菌产品出口处安装一个压力传感器,在再生器的非灭菌产品进口处安装另一个压力传感器。利用板式换热器对产品进行再生,通过回收灭菌过程中输入产品的部分热量,可在无菌加工过程中节省大量的能源成本。产品－产品再生如图 2-10 所示。

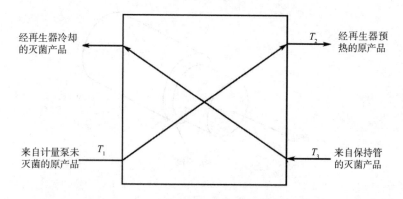

图 2-10　换热器中产品 - 产品再生的示意图

热回收的比例由图 2-10 定义的温度和以下方程确定:

$$R_T=(T_2-T_1)/(T_3-T_1)$$ (2-1)

式中　R_T——热回收率;

　　　T_1——再生器中未灭菌产品的进口温度;

　　　T_2——再生器中未灭菌产品的出口温度;

　　　T_3——灭菌换热器保持管中灭菌产品的出口温度。

板式换热器的优点:①初始成本低,换热效率高;②换热器内的滞留体积小,在温度控制过程中反应迅速;③在低雷诺数下产生较剧烈的湍动程度;④易于拆卸以便检修或清洗;⑤可扩展性好,可通过增加或移除板片执行多个任务。主要缺点:①通常仅限于低黏度产品;②工作压力和温度受板垫圈及其材料的限制;③再密封的费用可能很高;④不推荐用于含有颗粒物的产品。

管式换热器(图 2-11)有不同的结构。采用同心不锈钢双管或三管将产品与加热 / 冷却介质分离。另一些是由一根盘管或几根直管置于外壳内,通常称为管壳式换热器或者列管式换热器。

在列管式换热器中,产品通常流入管内,加热或冷却介质流经壳程。对于双管型管式换热器,产品可以在中心管内或环形区域流动。在三管型中,产品通常在中间环形区域内流动(图 2-11),热量通过两侧流动的介质(内管和最外环形区域)向内外壁传递。在每种类型中,加热或冷却介质可以在管内以相同或相反的方向流动(并流或逆流流动)。然而,加热介质与产品逆流流动最为常见,能最大程度地提高换热效率。

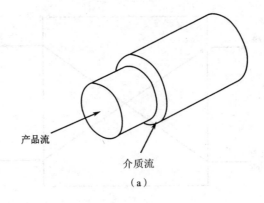

产品流

介质流

（a）

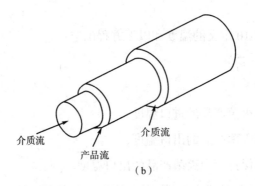

介质流

产品流

介质流

（b）

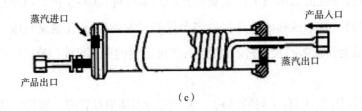

蒸汽进口

产品入口

产品出口

蒸汽出口

（c）

图 2-11　管式换热器

（a）双管型；（b）三管型；（c）管壳式

　　一般来说，三管型管式换热器比双管型管式换热器更有效（单位长度传递的热量更多）。此外，产品和介质的流速、流向和温度会极大地影响整体效率。Batmaz 和 Sandep（2008）比较了双管和三管型管式换热器的效率，其中双管型管式由两个与三管型管式内的两个管尺寸相同的管组成。结果表明，对双管型管式换热器来说，当产品在环隙流动时效率更高。此外，逆流流动结果表明，与双管型管式相比，三管型管式换热器总是能够传递更多能量，因此更加有效。最后，在并流条件下使用三管型管式换热器时必须小心，因为外面的环隙中的流体实际上可能会与产品温度"交叉"，即加热时低于产品温度，冷却时则相反，并降低换热器的整体效率。

　　管式换热器的主要优点：①与板式换热器相比，密封和垫圈更少，因此更容易清洁和保持无菌条件，并将维护成本降至最低；②比典型板式换热器的操作压力更高；③通常能够处理颗粒小于管直径的 1/3 的产品；④对产品施加的剪切力低。主要缺点：①由于加热保持管路较长或产品的高黏度而导致的压降过大；②无法打开和检查所有管表面；③最大再生率为 70%~75%，低于板式换热器的再生率；④由于低剪切力和比板式换热器的湍动程度小，有导致结垢的趋势。

　　通常情况下，刮板换热器（SSHE）（图 2-12）最适合用于高黏度产品或容易快速结垢的产品。不同于板式或管式换热器，它由一个搅拌轴组成，该搅拌轴的刮刀叶片同心地位于一个带夹套的绝缘热交换管内，其间隙为 6.3~50.8 mm。以 40~400 r/min 的转速旋转的叶片不断地从壁上移除产品，强化传热，减少烧焦。加热或冷却介质在产品管的外部流动，在某些设计中，也可以通过中空的搅拌器流动。

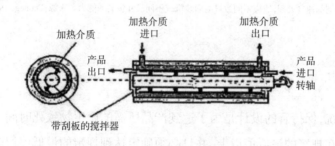

图 2-12　刮板式换热器

　　这种装置通常垂直安装，产品从底部引入，以释放空气。SSHE 的优点：①能够处理任何可泵送的产品，包括含有颗粒物的浆料；②压降低；③能够在非常高的温度下处理，而不会因高传热系数而烧焦。显著的缺点：①单位传热面积的成本较高；②搅拌器中的机械部件导致的高运行和维护成本；③高剪切力可能损坏产品或加速易碎颗粒分解。

　　在 SSHE 中，在加热的情况下，通过一系列机理实现从加热介质到产品的热传递。首先，热量通过对流从加热介质传到筒壁，然后通过筒壁传到换热器的内壁。考虑到含有许多颗粒或高黏度产品的加热情况，一小部分热量通过热传导实现。然而，大部分热量由叶片物理刮削（Hayes 1988）或在内壁附近产生的高湍流引起的对流传热而传递。在产品液体主体和颗粒表面之间也有对流传热。最后，在热量最难到达的地方，即颗粒的内部，存在热传导（Heppell 1985）。

　　Hayes（1988）建议，必须选择刮板配置、转子形状和尺寸以及转速的最佳组合，才能获得最佳的结果。表 2-1 总结了用于液体无菌加工的换热系统的特点。每种换热器都用于连续加工系统,这需要产品可以泵送。如果存在颗粒,它们必须相对较小,并且能够抵抗剪切力。有些 SSHE 可以处理尺寸为 32 mm 的颗粒,但到颗粒中心的传热速度可能非常慢,导致产品的质量不佳,后一节有所叙述。

表 2-1　换热器比较

换热器类型	产品质量	芳香物质保留	能量节省	投资	空间	泵送可能性	结垢周期	操作弹性 *
蒸汽喷射/注入	优秀	无	差	高	一般	一般~好	长	一般
板式	好	有	非常好	低	小	有限	短	好
管式短管	中等	有	一般	一般	较小	好	短	好
管式长管	差	有	一般	低	一般	好	较长	好
刮板式	好	有	非常差	非常高	大	一般~好	较长	好

* 操作弹性:该系统以不同的速度处理,适应不同数目的灌装机或不同尺寸包装的能力。来源:Dinnage 1983.

2.2.5　保持管

对于连续系统,保持管的设计是为了达到产品所需的微生物致死时间。因此,保持管中的温度必须保持在规定的最低值以上,并且必须确定达到规定的最低停留时间,以便在保温温度和停留时间组合下,确保产品的无菌性。读者可以使用其他章节讨论的原则计算温度–时间组合。由于保持管是确保商业无菌的核心工艺,因此必须采取一定的预防措施。它必须向上倾斜至少 21 mm/m,以消除气穴,并确保管道横截面始终充满产品。其结构必须符合良好的卫生设计标准,如内壁光滑无突出物;易于拆卸进行检查并重新组装;有故障-安全系统;保证保持管的直径不会缩短或改变,否则将改变最短停留时间。尽管有保温层以减少热损失,但在保持管的任何位置都不能加热和冷却,所以管道不应暴露在冷凝液滴或冷风中,这可能会影响管道中的产品温度。最后,保持管中的压力必须保持在工艺温度下产品的饱和蒸汽压之上,以防止闪蒸或沸腾,例如, 121.1 ℃时大于 1.7 MPa,这通常由反压阀完成。

通常在保持管的入口和出口处监测产品的温度,即最终加热器的出口处和冷却器前保持管末端。在保持管入口使用温度记录器–控制器,以便当温度偏离设定点时,可以在加热器中启动适当的动作,将温度恢复到设定点。在保持管出口和冷却器入口之间,必须使用自动记录温度计,在所需产品灭菌温度的 6 ℃范围内,自动记录温度计的刻度偏差不得超过

1 ℃。在保持管出口测得的产品温度用于确定商业灭菌热处理是否充分。如果温度降至达到预定工艺致死性所需的最低温度以下,则在包装前转移产品进行再加工或丢弃。

2.2.6　反压

在无菌加工系统中,为了防止保持管以及其他管道或换热器中的产品出现闪蒸,需要使用反压装置。由于产品通常在大气压下(100 ℃, 101.3 kPa)加热到高于水的正常沸点,因此需要额外的压力来防止产品中的水和其他挥发物汽化,即闪蒸成蒸汽。防止保持管中的闪蒸特别重要,因为它可能会增加产品速度,随后会缩短产品的保持时间。此外,换热器中的闪蒸可能会导致质量问题,如烧焦和丧失风味。

反压装置通常是一个节流阀,它限制通过节流孔或阀座的流量。开度越小,阀门上游的压力越高,即反压越高。这些反压阀可以安装在保持管之后的任何位置。对于直接加热系统,反压阀位于保持管和闪蒸冷却器之间。对于间接加热系统,反压阀通常位于保证产品低于其闪蒸温度所需的位置,即冷水、冷却器和包装容器之间。此外,如果有用于热回收的产品 – 产品再生段,则反压阀位于该段之后,以保持再生器中无菌侧的较高压力。

对于任何含有颗粒的食品,反压阀产生的高压最有可能破坏颗粒。产生反压的替代方法包括使用比调速泵或加压无菌缓冲罐运行稍慢的第二个容积泵。通常情况下,人们不会考虑在同一条管线上运行两台容积泵,但经仔细调节后,第二台泵可作为可接受的流量限制手段,并在上游产生反压。在产品冷却至低于闪蒸温度之后安装该泵。由于该泵用于在保持管之后输送无菌产品,因此必须采用无菌设计,并在密封件和轴上进行适当的蒸汽伴热,形成蒸汽屏障。

2.2.7　脱气器

大多数无菌加工的产品在热处理或包装之前必须脱气,去除空气以防止产品温度升高时发生不利的氧化反应。脱气器通常由一个真空容器构成,在该容器中,产品在连续流动期间暴露在真空中。在加热产品之前去除空气可能会提高加热速度,但脱气器的位置通常由产品决定。例如,处理橙汁时,脱气器通常位于再生加热器和系统的主加热段之间。

在高温下,不凝气体的溶解度降低,但是风味成分的挥发度更大。因此,当脱气温度升高时,将损失更多的风味。然而,如果产品能够承受高温,则应在高温下使用脱气器,这样更经济。对于无菌加工而言,由于许多包装材料具有透氧性,因此产品中的残余氧变得更加重要,即使是量很少且不影响无菌,也可能导致产品质量在储存期间恶化。

2.2.8 无菌缓冲罐

无菌缓冲罐用于无菌加工系统中,以便包装机在包装前储存无菌产品,容量从几百升到几万升不等。无菌罐特别为无菌产品的流速与包装能力不匹配的系统提供了灵活性。冷却段末端和包装系统之间连接缓冲罐的阀门允许加工者或多或少独立地执行加工与包装能力。产品泵入缓冲罐,并在无菌空气或其他惰性气体(如氮气)保持罐内正压的同时将其移除。通常使用有效孔径约为 0.2 μm 的微生物过滤器对进入缓冲罐之前的空气或氮气进行过滤灭菌。必须监测和控制缓冲罐的正压,以免受到细菌污染。该压力通常在 3.4~13.8 kPa 之间。

2.3 无菌加工设计概述

无菌加工系统的总体设计过程必须包括 3 个主要方面:食品微生物学、食品化学和食品工程学。这些领域之间存在相互作用,要求设计师考虑到全部 3 个方面及其相互关系。图 2-13 说明了无菌加工的总体设计策略。简而言之,该策略包括杀灭微生物的原理,也称热细菌学,与传热和流体流动相结合,以估计产生商业无菌产品的热处理温度和时间的组合。下一步是估计热处理工艺对产品质量的影响。如果质量不合格,则确定一套新的温度－时间热处理条件,并再次评估其对产品质量的影响。当确定了满足杀灭微生物目标并保持可接受产品质量的热处理条件时,应在商业设施中验证该工艺,然后实施。

基于实现商业无菌和保证产品质量的需要,无菌加工的设计实际上是一个优化问题。当使用热量来降低微生物数量时,热量也会损害产品的质量。因此,在选择温度和时间时,需要在无菌水平和产品质量之间权衡。图 2-14 表明这种权衡如何限制满足这两个标准的可能的温度和时间组合。在图 2-14 中,实线代表了为实现最低可接受的微生物减少(即商业无菌)可能的温度－时间组合;虚线代表可能达到最低可接受质量的温度－时间组合。产品质量由一个质量参数表示,例如色泽、营养损失等。两条线之间的空间同时满足这两个标准,是可以选择的可能温度－时间组合的范围。

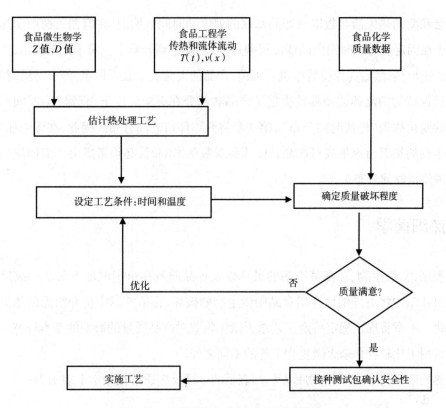

图 2-13　无菌系统中热处理工艺设计图示

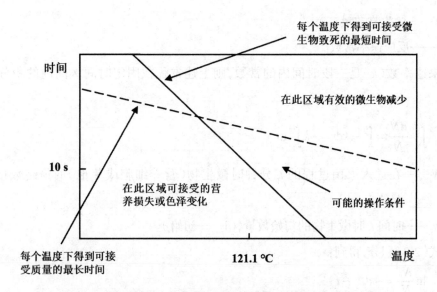

图 2-14　达到低微生物数量和可接受质量时的温度和时间组合

无菌热加工的设计遵循很多与容器灭菌设计相同的原则。这些知识包括微生物、芽孢、产品质量和酶的热失活参数以及产品暴露的温度和时间。然而,在容器灭菌中加热罐头产品是一个在固定和可控时间内的变温灭菌过程,热渗透到容器中。对于无菌加工,产品在换热器中快速加热,然后在保持管中进行灭菌,产品的灭菌温度几乎恒定,但是持续时间不同。产品通过保持管的流体流动特性决定了产品各部分在灭菌温度下"保温"的时间。这种保持时间的变化称为"停留时间分布",第 3 章将介绍停留时间分布。因此,在无菌加工中,在计算微生物的热灭活效果或对产品总体质量参数的影响时,必须考虑由于流体流动动力学而产生的停留时间分布。

2.4　热细菌学

一般来说,微生物、芽孢甚至酶的破坏以及产品质量在恒定温度下服从一级反应动力学。在第 4 章中将更详细地介绍食品中微生物的破坏,在第 5 章中将介绍无菌加工食品的化学变化。本章将描述确定特定工艺杀灭微生物或对产品质量的影响的基本计算。这些计算还可以用于比较各种杀灭微生物工艺的不同之处。

在热处理工艺中,以微生物数量(N)表示的一级反应通常在数学上表示为:

$$\frac{\mathrm{d}N}{\mathrm{d}t} = -kN \tag{2-2}$$

式中　$\dfrac{\mathrm{d}N}{\mathrm{d}t}$——微生物随时间的杀灭速率;

　　　N——微生物数量;

　　　k——反应速率常数。

如果速率数(k)是一段时间内的常数,则上述方程在固定时间区间内的积分可以表示为:

$$\int_{N_i}^{N_f} \frac{\mathrm{d}N}{N} = \int_{t_i}^{t_f} -k\mathrm{d}t = -k\int_{t_i}^{t_f} \mathrm{d}t \tag{2-3}$$

式中　N_f——在进入灭菌过程的 t_f 分钟时微生物(营养细胞或芽孢)的最终数量(f——
　　　　　最终);

　　　N_i——时间 t_i 时微生物的初始数量,(i——初始)。

对式(2-3)积分,得到:

$$\ln \frac{N_f}{N_i} = -k(t_f - t_i)$$

或者

$$\frac{N_\mathrm{f}}{N_\mathrm{i}} = e^{-k(t_\mathrm{f}-t_\mathrm{i})}$$　　　　　　　　　　　　　　　　　（2-4）

式中　$\ln\dfrac{N_\mathrm{f}}{N_\mathrm{i}}$——自然对数函数；

　　　e——自然对数的底 2.718 28。

　　　已知微生物的破坏以 10 为倍率，即从 1 000 到 100 到 10 到 1，这些方程通常转换为以 10 为底的对数，结果如下：

$$\lg\frac{N_\mathrm{f}}{N_\mathrm{i}} = \lg N_\mathrm{f} - \lg N_\mathrm{i} = -\frac{t_\mathrm{f}-t_\mathrm{i}}{D}$$　　　　　　　　　　　（2-5）

式中　$D = 2.303/k$，一般情况下单位为 min。

　　　或者：

$$\frac{N_\mathrm{f}}{N_\mathrm{i}} = 10^{\frac{-(t_\mathrm{f}-t_\mathrm{i})}{D}}$$　　　　　　　　　　　　　　　　　（2-6）

　　　典型情况下，t_i 是过程的起点，设为 0，式（2-6）变为：

$$\frac{N_\mathrm{t}}{N_0} = 10^{-\frac{t_\mathrm{f}}{D}}$$　　　　　　　　　　　　　　　　　（2-7）

式中　N_f——加工时间为 t_f 时微生物（营养细胞或芽孢）的数量；

　　　N_0——过程初始微生物（营养细胞或芽孢）的数量；

　　　一级反应意味着微生物的死亡率与任何时刻的微生物数量成正比。在一定的处理环境中和在一定的热力致死温度条件下，某微生物群数量减少 10 倍或将微生物数量减少 90% 所需的时间，称为 10 倍递减时间，即 D 值。D 值与微生物种类、灭活温度与食品的周围环境有关。例如，改变食品的 pH、成分、A_w 或盐含量将影响目标微生物的 D 值。见第 4 章。

　　　任何微生物的 D 值都随温度变化。因此，上述方程仅适用于在对应于 D 值的一个温度下测定微生物的死亡率。为了实现这一过程，所有产品必须瞬间加热到某一温度，保持固定时间，然后瞬间冷却。显然，在实践中这不可能实现。然而，当计算在恒温条件下保持管中流动最快的流体的微生物减少量时，这些方程仍然有用。后面一节将讨论选择加热和冷却速度时，如何确定某工艺的微生物减少量。

　　　为了计算变温过程的微生物致死时间，需要知道依赖于温度的 D 值。D 值随温度变化的最简单模型在数学上表示为：

$$D_T = D_{T_\mathrm{R}} 10^{\frac{T_\mathrm{R}-T}{Z}}$$　　　　　　　　　　　　　　　　　（2-8）

式中　D_T——温度 T 下的 D 值；

　　　D_{T_R}——标准温度 T_R 下的 D 值（一般为 121.1 ℃）；

Z——使 D 值改变 10 倍所需的温度变化，℃。

根据 Bigelow（1921）早期研究的方程（2-8），芽孢 D 值的对数与灭活温度之间呈线性关系。该方程假设所有温度的 Z 值都是常数。如果工艺温度与测量 D 值的温度相差不超过两个 Z 值，该假设合理。

回到式（2-3）的积分式，用式（2-8）代替 k，得到：

$$\int_{N_i}^{N_f} \frac{-1}{N} \mathrm{d}t = \int_{t_i}^{t_f} \frac{2.303}{D_{T_R} 10^{\frac{T_R - T(t)}{Z}}} \mathrm{d}t \tag{2-9}$$

积分方程左边，整理后得到：

$$D_{T_R} \lg \frac{N_i}{N_f} = \int_0^t 10^{\frac{T(t) - T_R}{Z}} \mathrm{d}t \tag{2-10}$$

或者：

$$D_{T_R}(\lg N_i - \lg N_f) = \int_0^t 10^{\frac{T(t) - T_R}{Z}} \mathrm{d}t \tag{2-11}$$

式（2-10）的左侧 $D_{T_R} \lg \dfrac{N_i}{N_f}$ 为微生物数量减少的对数值乘以 D_{T_R}。例如，如果初始数量 N_i 为 1 000，最终数量 N_f 为 1，则式（2-10）的左侧为 $3D_{T_R}$，即标准温度下微生物数量减少的对数值乘以 D 值。

如果标准温度（T_t）取为 121.1 ℃，则式（2-11）左侧的值称为过程的热致死时间。通常称为 F_0，由 Ball（1923）提出，用于容器灭菌：

$$F_0 = D_{121.1}(\lg N_i - \lg N_f) = \int_0^t 10^{\frac{T(t) - T_{121.1}}{Z}} \mathrm{d}t \tag{2-12}$$

对于低酸性食品中的肉毒梭状芽孢杆菌，杀菌过程的 F_0 至少为 $12D_{T_R}$，才能得到安全的产品。因此，为了设计热处理工艺，必须计算温度－时间组合对应 121.1° C 下产生 F_0（min）的积分效应。

例如，假设豌豆汤中肉毒梭状芽孢杆菌在 121.1 ℃时的 D 值为 0.25 min，则最简单或最保守的工艺是将产品在 121.1 ℃下保持 12 × 0.25 = 3（min）。

除非温度 $T(t)$ 是常数且与时间无关，否则式（2-12）中右边的对时间积分不容易计算。当计算保持管（$T(t)$ 近似恒定）中的致死时间时，可以作出此假设，并得出：

$$F_0 = \int_0^t 10^{\frac{T - T_R}{Z}} \mathrm{d}t = 10^{\frac{T - T_R}{Z}} \times t_{保持} \tag{2-13}$$

式中 $10^{\frac{T - T_R}{Z}}$ 一般称为致死率（LR）。

应用式（2-13），可以计算无菌加工杀菌的 F_0。如果 $T = T_R$ 且保持时间等于 F_0，则致死率等于 1.0。如果 $T > T_R$，则致死率大于 1.0，F_0 值大于实际保持时间。例如，表 2-2 表明了当产品温度变化时，保持时间为 3 min 时产生不同的 F_0 值。由于致死时间随温度变化，表中还显示了不同产品温度下为达到 F_0=3 min 所需的保持时间。

尽管这些程序是为容器内热处理而开发的,但这种方法适用于任何热处理过程。方程(2-12)是通用的,只要求 Z 值与温度无关。在相对较窄的约 22 ℃ 的温度范围内(例如 99~138 ℃),Z 值通常是恒定的。但是,对于温度差超过 138 ℃ 的超高温工艺,Z 值可能表现出温度依赖性。由于温度和时间的原因,某些替代模型能适用于更宽的温度范围。例如 Weibull 分布模型(Peleg and Cole 2000; van Boekel 2002)和对数逻辑模型(Anderson et al. 1995)指出微生物灭活的简单一级反应假设存在偏差。

表 2-2　目标为保持时间 =3 min 或 F_0=3 min,特定温度下,保持时间、致死率和 F_0 值的关系

保持温度 / ℃	致死率	保持时间 /min	F_0^*/min	保持时间 /min	F_0^*/min
115	0.245	3	0.735	12.24	3
120	0.776	3	2.33	3.87	3
121.1	1.0	3	3	3	3
125	2.45	3	7.35	1.22	3
130	7.76	3	23.3	0.39	3

* 假设对于目标微生物 Z=10 ℃ 且 T_{ref}=121.1 ℃。

2.5　质量评价

设计无菌加工的目标细菌为 D 值最高的微生物。然而,考虑到质量因素,D 值最低的食品特性受到最严重的影响。温度和时间对产品质量和微生物存活率的影响与产品是在容器中还是在连续流动系统中无关。但是,某一工艺具有特定的温度 - 时间曲线。因此,容器内杀菌和无菌加工之间的主要区别在于产品经历的温度 - 时间曲线。这种差异体现在提高无菌加工产品的质量,因为一般来说,温度越高,加工时间越短,产品质量越好。

如第 5 章所述,一级反应用以描述产品质量的降低过程。对于化学反应,用反应速率常数(k)和活化能(E_a)描述质量下降,而不是 D 值和 Z 值。根据方程 k=2.303/D,参数 k 和 D 呈反比关系。利用该方程和第 5 章中的数据,可计算质量参数的等效 D 值。例如,45 ℃ 条件下橙汁中抗坏血酸(AA)氧化的 k 值为 k=0.109 mg/h。因此,D_{45}=(2.303/0.109)×60 = 1 268 min。同时,Z 值可从第 5 章中所述的 E_a 中找到,Z=45 ℃。通过将 D_{45} 转换为 121.1 ℃ 下的等效 D 值,得到 $D_{121.1}$=25.8 min。

与传统的容器灭菌产品相比,这种较大的 D 值和 Z 值在无菌加工过程中使维生素的保留率更高。例如,根据 David(1996)等人的描述,无菌加工番茄汤的抗坏血酸保留率为

91%,而容器灭菌产品的抗坏血酸保留率为59%。类似地,无菌加工鸡汤的硫胺素保留率为82%,而容器灭菌鸡汤的硫胺素保留率为27%。

由于质量下降,如色泽变化、维生素和营养素减少等取决于产品的成分,因此必须测量任何特定产品的实际质量降解水平或参数 k 和 E_a。这与微生物灭活参数 D 和 Z 相似,后者也是每种产品独有的参数。和一些微生物菌数一样,一些质量因子并不遵循典型的一级反应模型,需要更复杂的模型来准确描述它们在热或氧环境中的降解。

2.6　流体流动和流速分布

流体性质和流动条件影响无菌加工系统内的加热速率、保持时间和压力。当流体流动时,它会受到剪切,也就是说,流体的各部分以不同的速度流动。流动的流体通常具有被称为黏度的特性。黏度可以被定义为流体对剪切力的阻力。最常用的表示黏度的单位是毫帕·秒(mPa·s)。在20.4 ℃下,水的黏度为1.0 mPa·s,流动阻力低。黏性流体是具有相对较高流动阻力的流体,如玉米糖浆,20 ℃时的黏度为1 400 mPa·s。由于黏度随温度变化,因此提到流体黏度时必须提及其随温度的变化。液体的黏度通常随着温度的升高而降低,这意味着黏性液体在较高的温度下更容易流动,除非流体发生结构变化,如淀粉的糊化。

2.7　流体类型

根据流体特性,大多数流体通常被宽泛地分类为牛顿流体或非牛顿流体。具有恒定黏度且不受剪切速率影响的流体称为牛顿流体,最简单的例子是水。当水以不同的速度剪切或混合时,流体所受的剪切应力(搅拌机施加的力)与剪切速率(搅拌机速度)成正比。流体的牛顿模型通常由以下方程表示:

$$\tau = \mu \gamma \tag{2-14}$$

式中　τ——剪切应力,Pa;

　　　μ——黏度,Pa·s;

　　　γ——剪切速率,s^{-1}。

这一关系可由图2-15所示,其中黏度定义为剪切应力对剪切速率的斜率。高黏度流体的斜率更大。

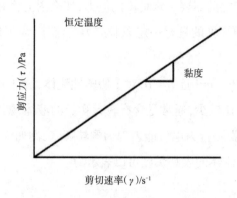

图 2-15　恒定温度下牛顿型流体的剪切应力与剪切速率的关系

　　非牛顿型流体的剪切应力和剪切速率之间可能不具有线性关系。这意味着流体的"黏度"(剪切应力斜率与剪切速率曲线)不是恒定的,而是随剪切速率变化的。因此,非牛顿型流体在任何剪切速率下的斜率称为"表观黏度"。具有随剪切速率增加而增加的表观黏度的非牛顿型流体称为膨塑性流体,而黏度随剪切速率增加而降低的流体称为假塑性流体。图 2-16 说明了这两种非牛顿型流体的特性曲线。

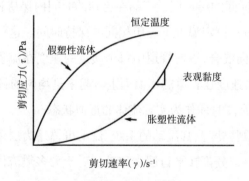

图 2-16　恒定温度下非牛顿型流体的剪应力与剪切速率间的非线性关系(假塑性和胀塑性)

　　Herschel-Bulkley 模型是用于描述大多数牛顿型和非牛顿型流体食品流动特性的最常见方程:

$$\tau = K\gamma^n + \tau_0 \tag{2-15}$$

式中　K——稠度因子,$Pa \cdot s^2$;

　　　　n——流动行为因子;

　　　　τ_0——屈服应力,Pa。

如果流体在开始剪切之前需要一定程度的应力,那么图上将有一个 Y 轴截距,称为屈服应力(τ_0)。番茄酱是一种常见的具有一定屈服应力的流体,为了使番茄酱剪切流动起来需要施加初始应力。

对于牛顿型流体,$K=\mu$,$n=1$ 且 $\tau_0=0$;对于假塑性流体,$n<1$ 且 $\tau_0=0$;对于膨胀性流体,$n>1$ 且 $\tau_0=0$。膨胀性流体比较少,通常是含有较大颗粒的液体,颗粒在流体流动过程中会分解,导致表观黏度增加。膨胀行为也可能表现为颗粒膨胀,例如淀粉糊化;或热聚集,例如蛋白质变性/聚集。非牛顿流体的表观黏度可以表示为:

$$\mu' = K\gamma^{(n-1)} \tag{2-16}$$

式中 μ'——表观黏度,取决于剪切速率;对于牛顿流体,在任何剪切速率下 $\mu=K$。

在文献中(Steffe et al. 1986)可以找到包含几种食品在不同温度下剪切速率的数据。其中一例是番茄酱在 25 ℃,剪切速率 $10\sim560\ \text{s}^{-1}$ 范围内,$K=18.7\ \text{Pa}\cdot\text{s}^2$;$n=0.27$;$\tau_0=32\ \text{Pa}$。

2.8 层流和湍流

前面关于细菌致死时间的讨论假设产品在已知的时间内保持相同的温度。对于流动产品,这需要整个产品在每一设定温度下经历相同的保持时间。这一假设适用于流动流体的前提是流体有足够的径向混合,以使管道中每个质点的速度在流动方向上具有相同的恒定值。在这种情况下,流体速度在管道的横截面上看起来是均匀的,这种情况称为"平推流",仅当流体的湍动程度非常高时才作为实际流体的近似状态。

根据流体黏度或表观黏度及其流动的系统,流动可描述为层流或湍流。层流通常称为流线型流动,流体的每一部分都在平行层中移动。对于大多数流体,层流以低流速出现,而对于非常黏稠的流体,层流甚至以高流速出现。随着流速的增加,流体变得越来越湍急,由于旋涡的存在,流体的不同部分开始向各个方向流动。观察烟雾从香烟燃烧处升起,可以观察到靠近香烟的层流和远离香烟的湍流的现象。

关于管路中的层流和湍流,最重要的事实是在管道直径上流体径向速度的变化。管壁处的流速很低,中心处的流速要高得多。对于层流,最大流速大约是平均流速的两倍。然而,对于湍流,最大流速仅为平均流速的 1.2 倍。图 2-17 说明了层流和湍流中的流动方向和速度分布。

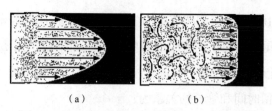

图 2-17　层流和湍流的流向和流速分布示意图
（a）层流；（b）湍流

2.9　雷诺数

可以使用"雷诺数 Re"的经验数,确定流体的流动为层流或湍流。当每个参数使用正确的单位时,式（2-17）无因次。

$$Re = \frac{\rho D v}{\mu} \tag{2-17}$$

式中　ρ——流体的密度,kg/m^3；

D——管径,m；

v——流体的平均流速,m/s；

μ——流体的黏度,$Pa \cdot s$。

对于牛顿型流体,如果 $Re>4\,000$,流动通常是湍流,并且存在最小速度分布。对于充分发展的湍流,$v/v_{max}=0.82$,其中 v 为平均流速,v_{max} 为最大流速。如果 $Re<2\,100$,则流动为层流（或流线流）,速度分布为抛物线,最大流速位于管中心,管壁处流速为 0。在这种情况下,可以证明 $v/v_{max}=0.5$,其中 v 为平均流速,v_{max} 为牛顿流体的最大流速。

在无菌加工中,液体产品的速度很重要,因为保持时间取决于速度和保持管的长度。保持管长度的计算基于最短保持时间,而最短保持时间取决于最大流速。

$$t_{min} = \frac{L}{v_{max}} \tag{2-18}$$

加工液态食品时,会出现另一个复杂的问题。关系式 $v_{max}=2v$ 仅适用于牛顿型流体,大多数食品液体都是非牛顿型流体。分析非牛顿型流体在管内层流中的速度分布,得到式（2-19）,式中的 n 为流动行为指数。

$$\frac{v}{v_{max}} = \left(\frac{1+n}{1+3n}\right) \tag{2-19}$$

对于 $n=1$（牛顿型流体）,这个方程得出我们熟悉的 $v_{max}=2v$。对于假塑性非牛顿型流体（$n<1.0$）,$v_{max}<2v$。因此,对于大多数无菌加工的流体食品,最大流速的限制条件是 $v_{max}=2v$。不同的流量行为指数（n）值下 v/v_{max} 与雷诺数之间的关系,如图 2-18 所示（Palmer and

Jones，1976）。在图 2-18 中，层流和湍流中的牛顿型流体（$n=1$）和假塑性流体（$n<1.0$），极限情况为 v/v_{max}=0.5。这同样适用于湍流中的胀塑性流体，但不适用于层流。由于停留时间分布的复杂性，FDA 规定的计算停留时间的程序对于层流的牛顿型流体和假塑性流体均基于 $v_{max}=2v$。因此，最短停留时间和管长的关系为：

$$v_{max} = 2v = \frac{L}{t_{min}} \tag{2-20}$$

对于胀塑性流体，层流时，有必要进行实验测量停留时间分布或最短保持时间，以便确定正确的保持管长度。第 3 章将描述这些方法。如前所述，胀塑性流体比较少见。

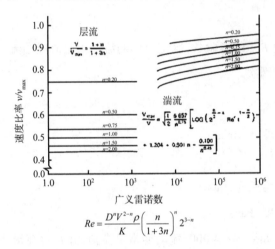

$$Re = \frac{D^n V^{2-n} \rho}{K} \left(\frac{n}{1+3n} \right)^n 2^{3-n}$$

图 2-18　非牛顿型流体和幂率流体的速度比率与广义雷诺数的关系

（来源：Palmer and Jones 1976）

对于湍流中的流体，由图 2-18 可以看出，无论食品流体的性质为牛顿型、假塑性还是胀塑性，v/v_{max} 始终大于 0.5。因此，为安全起见，式（2-20）是最为保守的保持管设计的极限情况。然而，也很明显，使用 v/v_{max}=0.5 来计算会导致食品加工过度。例如，如果使用 v/v_{max}=0.75 而不是 0.5，则有：

$$v_{max} = \frac{4v}{3} = \frac{L}{t_{min}}$$
$$t_{min} = \frac{0.75L}{v} \tag{2-21}$$

假设以 v/v_{max}=0.5 来设计保持管的长度，最短停留时间为：

$$v_{max} = 2v = \frac{L}{t_{min}}$$
$$t_{min} = \frac{0.5L}{v} \tag{2-22}$$

显然，式（2-21）中的最短保持时间比式（2-22）中的最短保持时间长。因此，对于相同长度的保持管，当使用正确的 v/v_{max} 时，有效处理时间更长。

重要的是要认识到,对于非牛顿型流体,为考虑黏度对速度的依赖性必须修改雷诺数。非牛顿型流体的广义雷诺数为:

$$G_{Re} = Re' = \frac{D^n V^{2-n} \rho}{K} \left(\frac{n}{1+3n} \right)^n 2^{3-n} \tag{2-23}$$

该方程用于计算雷诺数,以确定非牛顿型流体在保持管中的流动类型。

上一节在简要描述保持管中的停留时间分布时,假设保持管是等温的,即产品没有明显的加热或冷却。由于温度对液体黏性的影响,加热和冷却过程中的停留时间分布更为复杂。鉴于这种复杂性,FDA 传统上只考虑保持管中形成的致死时间,以此作为评价热处理的基础。在无菌加工的低酸性食品中,认为加热和冷却部分形成的致死时间是安全因素。最近,如果提供了适当的数据,FDA 可能接受在加热和冷却部分形成的致死时间。这些例外情况将根据具体情况进行处理。

2.10　传热系统设计

设计无菌加工的最终目标是获得比采用传统容器灭菌的产品更优质的产品。由于产品质量随着温度的升高而下降的速度更快,因此最快的加热和冷却速度有助于达到最佳的产品质量。换热器系统的设计和产品特性都控制着最大可能的加热速率。有助于提高加热速率的因素包括以下方面:①更大的传热系数;②更大的传热面积;③较小的产品截面积(传热方向上的厚度较小);④更高的流体速度(加热/冷却介质和产品);⑤更大的产品与加热/冷却介质的温差;⑥更低的产品黏度或热容流量。

可以通过适当的设备设计控制其中一些因素,而其他因素则通过产品配方来确定。

在加热或冷却过程中,可以使用产品的质量流量和所需的温度变化来计算所需的传热速率:

$$q = mC_p \left(T_f - T_i \right) \tag{2-24}$$

式中　q——传热速率,kJ/s;

　　　m——通过系统的产品质量流量,kg/s;

　　　C_p——产品的比热,kJ/(kg·℃);

　　　T_f——离开换热器时产品的最终温度,℃;

　　　T_i——进入换热器时产品的初始温度,℃。

这种热能(q)来自直接加热应用中的冷凝蒸汽或间接加热系统中的蒸汽、热水。因此,通过让 q(输入产品)等于 q(来自加热介质),可以确定加热或冷却介质所需的近似质量流量或温度变化。如果使用液体加热介质,如热水,则使用以上的方程式来确定从介质到产品

的热能(q),即:

$$q=q_{介}=m_{介}C_{p(介)}(T_{f(介)}-T_{i(介)}) \tag{2-25}$$

式中的物理量为加热或者冷却介质的参数。

如果使用冷凝蒸汽作为加热介质,如蒸汽喷射或注入,上述方程需添加一项包括冷凝蒸汽的热量,如下所示:

$$q=q_{介}=m_{介}C_{p(介)}(T_{f(介)}-T_{i(介)})+\lambda m_{蒸汽} \tag{2-26}$$

式中　λ——蒸汽的汽化潜热。

该方程可用于根据加热产品所需的蒸汽流量确定蒸汽喷射系统的尺寸。由于存在散失于周围环境的热损失,因此所需的热能将略高于使用这种简单的能量衡算值。

一旦知道改变换热器中产品温度所需的热量,就可以设计换热器满足这一需求。间接换热器的设计包括选择达到所需传热速率所需的尺寸(换热面积)。对于使用液体介质(如"板式换热器或管式换热器")的间接加热系统,产品的传热速率(q)可通过以下方式预测:

$$q = UA\Delta T_{LM} \tag{2-27}$$

式中　U——总传热系数,W/($m^2 \cdot K$):

A——换热器的传热面积,m^2:

ΔT_{LM}——产品与加热介质之间的对数平均温度差,由下式计算:

$$\Delta T_{LM} = \frac{\Delta T_1 - \Delta T_2}{\ln(\Delta T_1 / \Delta T_2)} \tag{2-28}$$

式中,ΔT_1 和 ΔT_2 分别为换热器两端产品与加热介质的温度差,例如,ΔT_1 为图 2-19 中 1 端的 $T_{加热介质}-T_{产品}$。产品与加热介质在管式换热器中逆流流动时的温度示于图 2-19。

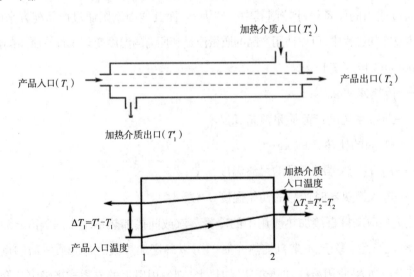

图 2-19　管式换热器流体逆流流动时 1 端和 2 端的温度分布

换热器的表面积直接关系到该单元的尺寸和成本,因此,在确定最佳尺寸时需要考虑经济核算。对数平均温差是与传热速率最相关的温度特性。然而,由于某些产品容易受到污染,产品和加热介质之间的温差可能需要加以限制。换热器内部的污垢也会降低换热系数和传热速率。

在图 2-19 所示的管式间接换热器中,热量首先通过对流从加热介质传递到壁面上。然后热量穿过管壁,最后以对流方式传递给在管中流动的产品。这 3 种热传递过程中的任何一种都会遇到热阻,当它们结合在一起时,由总传热系数量化表示。

总传热系数可由式(2-29)定义。该方程包括产品侧、加热介质侧和通过壁面的每一种机理的热阻:

$$\frac{1}{U} = \frac{1}{h_0} + \left(\frac{x}{k}\right)_w + \frac{1}{h_i} \tag{2-29}$$

式中　U——总传热系数,W/(m²·K);

　　　h_0——加热介质中的对流传热系数,W/(m²·K);

　　　h_i——产品侧的对流传热系数,W/(m²·K);

　　　$\left(\dfrac{x}{k}\right)_w$——壁厚(x)除以壁面材料的导热系数(k),(m²·K)/W。

对于管式换热器,可以从换热器的产品侧或介质侧编写方程(2-27)。在每种情况下,即使总传热速率相同,传热的表面积和总传热系数也不同。因此,管式换热器的 U_i 和 U_o 的两个值可以计算为:

$$U_i = \frac{1}{r_i\left[\ln\left(\dfrac{r_0}{r_i}\right)/k\right] + \left[\dfrac{r_0}{r_i h}\right] + \left[\dfrac{1}{h_0}\right]} \tag{2-30}$$

和

$$U_o = \frac{1}{r_0\left[\ln\left(\dfrac{r_0}{r_i}\right)/k\right] + \left[\dfrac{r_0}{r_i h}\right] + \left[\dfrac{1}{h_0}\right]} \tag{2-31}$$

式中　r_i——换热管的内径,m;

　　　r_o——换热管的外径,m;

　　　k——换热器材料的热导率,W/(m·K)。

由于流体在环形空间内的流速较高,三管型换热器的 U 值通常比套管型换热器高。此外,由于离心力提高了湍动程度并强化混合,螺旋管比直管式换热器具有更高的 U 值。在低流速、湍流且 $Re>40\ 000$ 时,总传热系数($U_{螺旋}>6\ 000$ W/(m²·K)与 $U_{直管}\approx 2\ 500$ W/(m²·K))的增加最为显著(Coronel and Sandep 2008)。结果还表明,螺旋管转弯半径越小,

U 值越大。对于直接换热(蒸汽喷射或注入), U 值通常非常大,加热速度非常快。产品达到最终温度的时间通常为 1 s 或更短;因此,通常认为该方法为瞬时加热。

确定上述方程中的传热系数(U, h_o, h_i)可能是传热系统设计中最具挑战性、最为复杂的工作。传热系数受换热器设计特性,即换热器类型、波纹或产生湍流的特性、结构材料、产品和加热介质流速以及产品特性,即黏度、导热系数、热容流量的影响。计算过程基于无量纲数之间的经验关联式,超出了本书的范围。对于详细的数学分析,读者可以参考工程文献,如 Smith(2003)、Heldman 和 Lund(2007)和 Geankopis(2003)的工程手册。表 2-3 列出了总传热系数的一些典型范围。设备制造商通常可以提供针对特定应用的更精确数值。

表 2-3　总传热系数的大致范围

类型	总传热系数 /[W/(m²·K)]	条件
板式换热器	1 000~4 000	液 - 液层流
		湍流
管式换热器	150~1 500	管内液体流动,外为液体或蒸汽
	1 500~4 000	管外蒸汽冷凝,内冷却水
刮板式换热器	300~1 800	黏性液体或者带颗粒液体

任何换热器的最终特征都是产品流过的"通道"的尺寸。如前所述,产品在传热方向的厚度越小,加热速度越快。然而,高黏度的产品可能需要非常大的压力迫使产品在具有小流动通道的换热器内流动。通常,板式换热器具有最小尺寸的流动通道,并且额定压力最低。当产品开始在内表面上"烧焦"或结垢时,换热器中的压力会迅速增加。此外,产品中的任何颗粒或纤维很可能会滞留在换热器中,并随着时间的推移堵塞部分传热截面。一个避免出现问题的经验法则是,产品的最大颗粒尺寸应小于换热器中最小流道尺寸的 1/3。

2.11　热过程计算

在层流过程中,液体的温度分布不像在径向混合良好的平推流的情况下那样容易预测或测量。由于在加热和冷却过程中缺乏对温度变化的精确描述和控制,FDA 几乎没有例外地接受只基于保持管中无菌热处理所达到的热致死时间(即在产品达到恒定保温温度后以及产品冷却之前)。在计算这个最保守的热致死时间时,对热过程计算提出两个重要假设:

(1)热致死时间仅形成在保持管中,并计入产品安全。

(2)对于牛顿型流体和假塑性流体食品的层流流动,保持管中的最小停留时间基于

$v_{max}=2v$，对于湍流，必须确定 v/v_{max} 的关系。

为了说明这个过程，以一个处于层流的产品为例，由于 $t_{min}=\dfrac{0.5L}{v}$ 和 $F_0=LR\times t_{min}$

$$F_0=LR\times t_{min}=10^{\frac{T-121.1}{Z}}\times t_{min}=10^{\frac{T-121.1}{Z}}\times\frac{L}{2v} \qquad (2\text{-}32)$$

式中，LR 为保持管中温度对应的致死率，t_{min} 为物料在保持管内的最短停留时间。

由于从实验中选择设计 F_0 值，或者由于低酸性食品易污染肉毒梭状芽孢杆菌，其致死时间计算为 $12D$，保持管的长度 L 可如下计算，首先由产品的体积流量确定平均速度

$$Q=Av \qquad (2\text{-}33)$$

式中 Q——体积流量，m^3/s；

　　　　A——保持管的横截面积，m^2；

　　　　v——平均流速，m/s。

将上式整理，得到

$$v=\frac{Q}{A}=\frac{4Q}{\pi D^2} \qquad (2\text{-}34)$$

式中 D——保持管的内径，m。

将上式中的 v 代入式（2-32），得到保持管的管长 L：

$$L=\frac{8F_0Q10^{(121.1-T)/Z}}{\pi D^2} \qquad (2\text{-}35)$$

式中 F_0——121.1 ℃下标准灭菌时间。

2.12 工艺计算示例

直接和间接加热无菌系统的典型温度 - 时间曲线如图 2-20 所示（Hallstrom 1977）。对于图 2-20（a）所示的直接加热系统工艺，肉毒梭状芽孢杆菌（Z=10 ℃）在 140 ℃下的致死率为：

$$10^{(140-121.1)/10}=77.6$$

总致死时间为：

$F=$ 致死率 × 保持时间

$F=77.6\times5.1/60=6.6$ min

同样，对于图 2-20（b）中的间接加热系统，保持管中的致死时间为：

$F=10^{(139-121.1)/10}\times2.3/60=2.36$ min

由于整个热处理过程的总致死时间实际上可能包括保持管前后的加热和冷却而产生的

影响,因此在计算中,考虑这些部分的影响可以更好地预测总的细菌灭活和质量损害。结果有时称为总的或积分致死时间,因为在此过程中发生的致死时间是温度－时间曲线对芽孢(或质量)破坏的综合影响。对于所有的实际应用,温度低于 100 ℃时的致死时间可忽略不计,为简单起见,不计入总致死时间。因此,在直接加热系统中(图 2-20(a))计入的是,如上计算的保持管在所需的温度下形成的致死时间的积分。

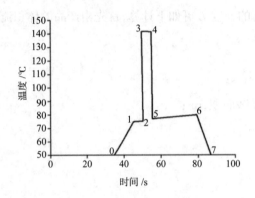

图 2-20(a)　直接加热超高温系统的温度－时间关系

(0—1)预热器;(1—2)75 ℃,5.1 s;(2—3)蒸汽喷射器,75~140 ℃,≈0 s;(3—4)保持管,140 ℃,5.1 s;(4—5)闪蒸冷却器,140~76 ℃,≈0 s;(5—6)均质机,76~79 ℃,24.1 s;(6—7)冷却器,79~50 ℃,15 s。(来源:Hallstrom 1977)。

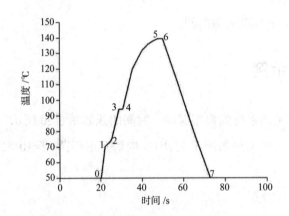

图 2-20(b)　间接加热超高温系统的温度－时间关系

(0—1)预热器;(1—2)均质机,71~74 ℃,25 s;(2—3)再生加热器,74~95 ℃,4.5 s;95 ℃,2 s;(4—5)蒸汽加热器,95~139 ℃,17.5 s,T=142.3[1-0.3324exp(-0.1524t)];(5—6)保持管,139 ℃,2.3 s;(6—7)再生冷却器,139~50 ℃,21.6 s(来源:Hallstrom 1977)。

对于间接系统,如图 2-20(b)所示,总致死时间 F 是产品在 100 ℃以上的所有时间的累积。这可以通过利用该过程的温度与时间函数积分方程(2-12)来计算。由于过程中只包括加热、保持和冷却 3 个步骤,因此,总致死时间 F 可通过以下方式计算:

$$F=F_{\text{加热}}+F_{\text{保持}}+F_{\text{冷却}}$$

前述，致死率 $LR=10^{(T-121.1)/Z}$，其中 T_{ref} 为 121.1 ℃，且 $Z=10$ ℃。

所以，$F_{121.1}=\int LR\mathrm{d}t=\int 10^{(T(t)-121.1)/Z}\mathrm{d}t$　　　　　　（2-36）

对于加热部分，对温度与时间的关系建模，由式 $T(t)=142.3[1-0.3324\mathrm{e}^{-0.1524t}]$，确定加热时间为 17.5 s。由式（2-36），加热部分的致死率为：

$$F_{\text{加热}}=\int 10^{[142.3[1-0.3324\mathrm{e}^{-0.1524t}]-121.1/10]}\mathrm{d}t$$

代入积分上下限，得到：

$$F_{\text{加热}}=\int_{0}^{17.5}10^{2.13}10^{-4.73}10^{\mathrm{e}^{-0.01524t}}\mathrm{d}t=\int LR\mathrm{d}t$$

由于该积分比较复杂，加热部分 $F_{\text{加热}}$ 用数值积分的方法得到如下近似值：

时间 / s	温度 / ℃	LR	$F_{\text{加热}}$ / s
0	95	0.0025	0.00
2.92	112	0.126	0.19
5.84	123	1.54	2.43
8.76	130	7.68	13.46
11.68	134	21.5	42.60
14.6	137	41.58	92.10
17.5	139	63.31	152.09

$F_{\text{加热}}=302.87$ s ≈ 5.05 min。

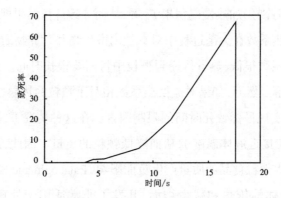

对于保持管，139 ℃时保持时间为 2.3 s，$F_{\text{保持}}=2.36$ min。

$$F_{\text{保持}}=LR\Delta t_{\text{保持}}=10^{(139-121.1)/10}\times 2.3\times\frac{1}{60}=2.36\ \text{min}$$

对于冷却系统,为 21.6 s;其中 $T(t)=139-4.12t$。

$$F_{冷却} = \int LR\mathrm{d}t = \int 10^{\frac{(139-4.12t)-121.1}{10}}\mathrm{d}t$$

$$= 10^{1.8-0.412}\mathrm{d}t = 10^{1.8} \times \int 10^{-0.412}\mathrm{d}t$$

$$= 10^{1.8} \times \frac{10^{-0.412t_0^{21.6}}}{-0.412 \times \ln 10} = 66.5 \times \frac{1}{60} = 1.11 \text{ min}$$

因此,总致死时间为: $F = F_{加热} + F_{保持} + F_{冷却}$　$F=5.05+2.36+1.11=8.52$ min。

这意味着整个过程相当于在 121.1 ℃的恒定温度下经历 8.52 min。然而,由于 FDA 对该过程仅计算保持管内的致死时间($F_{保持} = 2.36$ min),因此加热和冷却过程带来了很大的安全系数。只要过多的热处理不显著影响质量,其形成的致死时间将会延长产品的保质期。

2.13　加工颗粒食品

在流体的无菌加工过程中,由于流体在换热器内流动,其传热机理为对流传热。在加工多相食品时,即带有颗粒的液态食品,热传递变得更加复杂。除了对液体的对流传热外,还存在流体对颗粒的对流传热和颗粒内部的热传导。这些额外的复杂性使得相食品的无菌加工设计和验证变得困难和昂贵。文献中描述了几种模型用来预测液体和颗粒食品中的热传递并验证其准确性(Sandep and Puri 2009;Sastry and Cornelius 2002)。在大多数情况下,难以测量或预测的参数是流体与颗粒之间的传热系数以及颗粒的停留时间分布。这些参数取决于颗粒类型(食品、形状、尺寸、颗粒浓度等)和换热器中的流动条件。Jasrotia 等人(2008)提出了一种使用模拟颗粒加热验证颗粒食品无菌加工的方法,它比真正的食品颗粒(本例中为胡萝卜和马铃薯)加热慢或积累 F_0 慢,从而导致计算结果保守。

流体对颗粒的传热系数在无菌过程中对颗粒内微生物和营养物质的破坏有着重要的影响。如果保守估计该系数很低,热量传递到颗粒中将需要很长时间。处理时间增长将明显增加颗粒内的质量降解。然而,如果对流换热系数相对于颗粒的热导率非常高,那么到颗粒中心的热传导就成为实现目标致死时间的限制因素。在这种情况下,颗粒表面将在较长时间内达到较高的温度(接近液体温度),从而降低颗粒的质量。因此,流体对颗粒的传热系数过低或过高都会对大颗粒食品的质量产生负面影响(Palazoglu and Sandep 2002)。

为了强化黏性液体的传热和减少结垢,开发了非常适用于处理带有颗粒的产品的SSHE。de Ruyter 和 Brunet(1973)最早研究液体加颗粒非均质流体的传热,他们提出了热量先传递到流体,再传递到 SSHE 中的颗粒的模型。问题是,他们在模型中描述颗粒表面时使用了无限大的表面传热系数(即颗粒表面的温度等于周围液体的温度)。虽然这一假设不太准确,但其结果清楚地说明了在液体中加热颗粒的问题。图 2-21 显示了液相 F 值与颗粒 F 值的比值,是以假定球体颗粒直径为参数的保持时间的函数。随着粒径的增加,在所有保温时间内,$F_{颗粒}$ 和 $F_{液体}$ 都会增加,这表明如果工艺设计为实现颗粒所需的 F 值,则液相会严重地被过度加工。

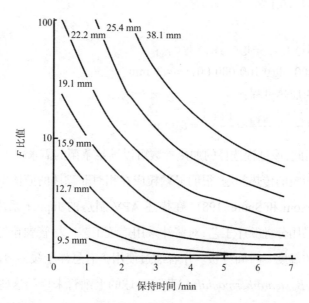

图 2-21　F 比值($F_{颗粒}/F_{液体}$)为保持时间和粒径的函数
(来源:de Ruyter and Brunet 1973)

Manson 和 Cullen(1974)研究了含悬浮颗粒的食品在 SSHE 中的无菌加工。假设颗粒为圆柱形,液相假设为假塑性(剪切稀释)或牛顿型流体。在估算传热过程中颗粒和液体形成的综合致死时间时,他们引入了停留时间分布。他们得出的结论是,了解液体的黏度特性和流动状态(湍流或层流)非常重要,以确保足够的保持管长度。问题是,Manson 和 Cullen 也假定颗粒表面的传热系数无限大,因此他们高估了颗粒的致死时间。

Manson 和 Cullen 重新强调了一个重要的概念,当考虑一个系统的致死时间时,存在致死时间的分布。为了估计一个系统所达到的致死时间,应加和每种微生物的生存概率,而不是致死时间。例如,假设一个产品由体积分数为 50% 的颗粒组成,产品内最初有 2 000 个芽孢。假设液体致死时间 $F_{s(液体)}$ 为 12 min,颗粒的 $F_{s(颗粒)}$ 为 4.0 min。如果 $D_{121.1}$ 为 1.0 min,然后可以计算液体和颗粒中存活微生物的概率浓度(c_f),并评估该过程的杀菌过程的有效性。

对于液体:

$$F_{s(液体)} = D(\lg c_{i(液体)} - \lg c_{f(液体)})$$

$$12 = 1 \times (\lg 1\,000 - \lg c_{f(液体)})$$

$$c_{f(液体)} = 10^{-9} = 0.000\,000\,001$$

对于颗粒：

$$F_{s(颗粒)} = 4 \times (\lg 1\,000 - \lg c_{f(颗粒)})$$

$$c_{f(颗粒)} = 10^{-1} = 0.1$$

对于产品：

$$F_{s(产品)} = D(\lg c_{i(产品)} - \lg c_{f(液体)} - \lg c_{f(颗粒)})$$

$$= 1 \times (\lg 2\,000 - \lg 0.100\,000\,001) = 4.3\ \text{min}$$

对于加热过程的加热过程：

$$F_{加热} = \frac{F_{s(液体)} + F_{s(颗粒)}}{2} = \frac{12 + 4}{2} = 8\ \text{min}$$

$F_{加热} > F_{s(产品)}$，因此，该过程选择的加热参数可以满足杀菌的需求。

鉴于从液体到颗粒的传热问题，很明显颗粒应在相对非黏性的液体中加热，或者最好是在蒸汽中加热。Hersom 和 Shore（1981）在描述 APV 制造的 Jupiter 系统时提出了这一概念。该系统对固体采用分批顺序工艺，对酱汁采用连续工艺。尽管颗粒是用蒸汽加热的，但没有充分描述颗粒的温度 – 时间分布。作者通过使用含有悬浮于缓冲溶液中的 5 个装有嗜热脂肪芽孢杆菌的（*B. stearothermophilus*）芽孢小球的毛细管来检测这些颗粒的致死时间。温度计算的复杂因素包括在双锥体搅拌机中的混合和加热蔬菜时发生的排气。

2.14　用于无菌加工的微波连续加热

连续流微波加热由一个将能量直接施加到流经加工线的食品上的微波加热器组成。为了使微波处理有效，产品的介电性能必须能使微波能量渗透到产品中并转化为热。因此，大多数商用微波发生器的工作频率为 915 MHz，而不是大多数家用微波炉使用的 2 450 MHz。尽管大多数液态食品在微波照射下会迅速加热，但 915 MHz 的能量渗透更深，导致更均匀的加热。

在图 2-22 所示的工业微波系统公司（Morrisville，North Carolina）设计的连续加热系统中，微波能量通过波导被分离成两部分，通过两个微波加热器向流动的产品输送能量。为了提高产品内部的温度均匀性，在每个微波加热器之后设置在线静态混合器（Coronel et al. 2005）。

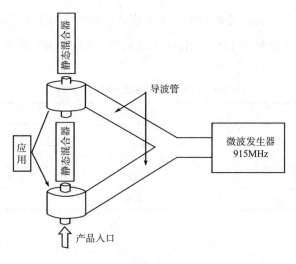

图 2-22　在线连续微波处理系统

微波加热的主要优点是缩短产品所需的升温时间。微波可以快速加热和体积加热,在整个体积产生热量而不是仅仅通过表面传递。这种方法可以进行更均匀地加热,最大限度地减少产品在热交换表面的过热,同时减少颗粒中心的加热。可以将微波能量聚焦在输送流动产品的管道中心,最快地提高运动流体的温度,特别是在层流之中,并显著改善管道热过程的均匀性(Coronel,Simunvic and Sandeep 2003)。

甘薯泥可能是第一种使用连续流动微波系统加工的商业无菌产品(Coronel et al. 2005)。初始中试规模试验表明,与未经处理的产品相比,在 135 ℃加热 30 s 的产品的色泽或黏度没有显著变化。在室温储存 90 d 的过程中,中试生产的产品货架期稳定,没有检测到微生物。此外,加工商还进一步研究了多种水果泥、蔬菜泥和混有蔬菜的奶酪酱等多相食品的微波加热(Kumar et al. 2007)。

2.15　热过程的控制

无菌加工系统必须遵循与容器灭菌系统相同的故障安全控制策略。目前,大多数无菌系统都有自动控制的分流阀,以防止包装不符合预定工艺标准的产品。自动控制系统通常监控关键参数,如再生换热器中的压差、产品流速和保持管末端的产品温度。如果未达到控制要求,则启动分流阀,切断流向包装的产品。当发生分流时,整个无菌区可能需要重新灭菌,然后才能再次将产品送至无菌包装。这种停机意味着产量的重大损失。因此,系统控制的设定值(压力和温度)通常略高于需要分流的值,以允许轻微波动。这些"人为"设定的高温和高压值通常会导致产品严重的过度加工。表 2-4 说明了由于工艺的保持管温度变化导致的 F_0 值增加，该工艺需要在 135.6 ℃持续 11.6 s，以达到 5.4 min 的 F_0 值。

表 2-4　保持管出口温度对 F_0 的影响

保持管出口温度 /℃	保持时间 /s	保持管 F_0 值 /min
135.6	11.6	5.4
138.3	11.6	10.2
141.1	11.6	19.3
143.9	11.6	36.6

2.16　总结

　　无菌加工中实现商业无菌的设计是基于充足的热细菌学原理和温度 – 时间处理对微生物芽孢的积分效应。液体在管道或通道中的停留时间分布引起复杂性。由于这些复杂性，无菌热处理的设计需考虑：①在保持管内才具有热致死时间，加热或冷却期间不具有热致死时间；②保持管中的最短停留时间取决于食品流体的黏性特征以及流动形态。换热系统的设备必须经过精心设计，以便能以足够快的速度加热和冷却产品，以保持比罐藏更优异的质量优势。加工温度或保持时间过高会导致产品"过度加工"和质量损失。

参考文献

Anderson，W. A.，P. J. McClure，A. C. Baird-Parker，and M. B. Cole. 1995. The application of a log- logistic model to describe the thermal inactivation of Clostridium botulinum 213B at temperatures below 121.1 ℃ . *J. Applied Microbiol.* 80（3）：283-290.

Batmaz，E.，and K. P. Sandeep. 2005. Calculation of overall heat transfer coefficients in a triple tube heat exchanger. *Heat Mass Transfer* 41：271-279.

Batmaz，E.，and K. P. Sandeep. 2008. Overall heat transfer coefficients and axial temperature distribution in a triple tube heat exchanger. *J. of Food Proc. Eng.* 31：260-279.

Bigelow，W. D. 1921. The logarithmic nature of thermal death time curves. *J. Infect. Diseases* 29：528-536.

Coronel, P., and K. P. Sandeep. 2008. Heat transfer coefficient in helical heat exchangers under turbulent flow conditions, *Int. J. Food Eng.* 4(1): article 4.

Coronel, P., J. Simunovic, and K. P. Sandeep. 2003. Temperature profiles within milk after heating in a continuous-flow tubular microwave system operating at 915 MHZ. *J. Food Sci.* 68: 1976-81.

Coronel, P., V. Truong, J. Simunovic, K. P. Sandeep, and G. D. Cartwright. 2005. Aseptic processing of sweet potato purees using a continuous flow microwave system. *J. Food Sci.* 70 (9): E531-E536.

David, J. R. D. Graves, R. H., and Carlson, V. R. 1996. *Aseptic Processing and Packaging of Food: A Food Industry Perspective.* New York: CRC Press.

de Ruyter, P. W., and Brunet, R. 1973. Estimation of process conditions for continuous sterilization of foods containing particulates. *Food Technol.* 27(7): 44.

Dinnage, D. F. 1983. Aseptic processing of liquid. In *Proceeding of the National Food Processors Association conference: Capitalizing on aseptic* 31. Washington, D.C.: Food Processors Institute.

Dunkley, M. E. 1918. Canning. U.S. Patent No. 1, 279, 798. Issued July 2, 1918.

Geankoplis, C. J. 2003. *Transport Processes and Separation Process Principles (Includes Unit Operations.* 4th ed. Upper Saddle River, N.J.: Prentice Hall.

Gray, C. E. 1937. Method of and apparatus for filling containers. U.S. Patent No. 2, 185, 191. Issued January 2, 1940.

Hallstrom, B. 1977. Heat preservation involving liquid food in continuous flow pasteurization and UHT. In *Physical, chemical and biological changes in food caused by thermal processing,* ed. T. Hoyem and O. Kvale. Essex, UK: Applied Science Publisher.

Hayes, J. B. 1988. Scraped-surface heat transfer in the food industry. *AIChE Symp. Ser.* 84: 251.

Heldman D. R., and D. B. Lund. 2007. *Handbook of food engineering,* 2nd ed. Boca Raton, Fla.: CRC Press, Taylor & Francis.

Heppell, N. J. 1985. Measurement of liquid solid heat transfer coefficient during continuous sterilization of food stuffs containing particles. Presented at Fourth International Congress on Engineering and Food. Edmonton, Alberta, Canada, July 7-10.

Hersom, A. C., and Shore, D. T. 1981. Aseptic processing of foods comprising sauce and solids.

Food Technol. 35（5）：53.

Holsman, H. T and L. W. Potts. 1954. Means and method for aseptic packaging. U.S. Patent No. 2,930,170. Issued March 29, 1960.

Jasrotia, A. K. S., J. Simunovic, K. P. Sandeep, T. K. Palazoglu, and K. R. Swartzel. 2008. Design of conservative simulated particles for validation of a multiphase aseptic process. *J. Food Sci.* 73（5）：E193-E201.

Konopak, L.T. 1930. Machine for filling containers with fluid. U.S. Patent No. 1, 894, 403. Issued January 17, 1933.

Kronquest, A. L. 1941. Apparatus for packaging fruit juices. U.S. Patent No. 2, 268, 289. Issued December 30, 1941.

Kumar, P., P. Coronel, J. Simunovic, and K. P. Sandeep. 2007. Feasibility of aseptic processing of a low-acid multiphase food product（salsa con queso）using a continuous flow microwave system. *J. Food Sci.* 12（3）：E121-E124.

Manson, J. E., and J. F. Cullen. 1974. Thermal process simulation for aseptic processing of food containing discrete particulate matter. *J. Food Sci*, 39：1084.

Moeller, R. H. C. 1941. Method of Canning. U.S. Patent No. 2380984. Issued August 9, 1945.

Palazoglu, T. K., and K. P. Sandeep. 2002. Assessment of the effect of fluid-to-particle heat transfer coefficient on microbial and nutrient destruction during aseptic processing of particulate foods. *J. Food Sci.* 67（9）：3359-3364.

Palmer, J. A., and V. A. Jones. 1976. Prediction of holding times for continuous thermal processing of power-law fluids. *J. Food Sci.* 41：1233.

Peleg, M., and M. B. Cole. 2000. Estimating survival of Clostridium botulinum spores during heat treatments. *J. of Food Protection* 63（2）：190-5.

Sandeep, K. P. and V. M. Puri. 2008. Aseptic processing of liquid and particulate foods. In *Food processing operations modeling：Design and analysis*, 2nd ed, by S. Jun and J. M. Irudayaraj. Boca Raton, Fla.：CRC Press, Taylor & Francis.

Sastry, S. K., and Cornelius, B. D. 2002. *Aseptic processing of foods containing solid particulates.* New York：John Wiley and Sons.

Smith, P. G. 2003. *Introduction to food process engineering.* New York：Kluwer Academic/Plenum Publishers.

Teixeira, A. A., and Manson, J. E. 1983. Thermal process control for aseptic process systems.

Food Technol. 37（4）：128.

Van Boekeli M. A. J. S. 2002. On the use of the Weibull model to describe thermal inactivation of microbial vegetative cells. *Int. J. of Food Microbiol* 74：139-59.

第 3 章　无菌加工过程中停留时间分布

Rakesh K. Singh and Mark T. Morgan

隋文杰　编译

如第 2 章所述,为了实现商业无菌,在无菌加工中对热处理过程的设计结合了嗜热细菌学原理和处理温度 - 时间对微生物芽孢的耦合影响。在具有理想平推流的连续流动体系中,所有流体单元的温度和时间都近似恒定。但是,绝大多数食品流动形式既不属于层流也不属于湍流。在这些情况下,每个流体单元通过换热器或保持管部分的时间均不相同。可想而知,根据特定单元在换热器或保持管中停留时间的不同,对每个流体单元无菌加工的效果也有差异。因此,为了预测产品中每个体积单元的致死率,必须确定不同单元在系统中消耗时间的长度,即这些单元的停留时间分布(residence time distribution, RTD)。

在连续热处理过程中,对流体食品的最小停留时间(minimum residence time,mRT)和 RTD 进行了大量测定和模拟方面的研究。Pinheiro Torres 和 Oliveira(1998)对研究液体食品 RTD 的有关文献进行了综述,并分别描述了用于理解 mRT 和 RTD 数据的实验和建模方法。显然,无菌产品的安全性与其在保持管中 mRT 值是直接相关的,而产品质量受流经系统中加热、保温和冷却阶段的 RTD 值影响最大。尽管已提出了多种关于 mRT 和 RTD 的模型,但其结果通常是对实际情况的保守估计。由于实际流动状态和边界条件的复杂性,仍然建议通过实验来确定这两个重要参数,以获得在操作条件下实际系统的准确结果。

确定 RTD 的实验是通过测量注入产品流的惰性示踪剂的响应,即所谓的刺激 - 反应技术。示踪剂通常是在测试区出口处能检测到的可溶性染料、盐或酸类物质。在各种体系的理论和实验分析中,有 3 种通用的刺激技术能够表征其动态行为(Hill 1977)。这些技术都是基于在已知输入流变化的前提下,对测试区域(或整个系统)输出流变化的检测。其包括以下内容。

（1）阶跃输入,是指示踪剂或其他可测量成分的输入浓度从一个稳定水平变化至另一稳定水平。

（2）脉冲输入,是指将相对少量的示踪剂以最短的时间注入到进料流中。

（3）正弦输入,是指正弦变化频率可变,继而系统产生一种频率－响应图。

原则上来讲,上述 3 种技术中的任何一种都可以转化为另外两种。但是,实验上更易于监测近似阶跃变化或脉冲输入的示踪剂响应信号,这是由于测定与正弦变化相关的信号需要消耗更多时间并且需要特殊设备。因此,本章仅讨论前两种刺激类型的测定 RTD 的方法。

3.1　平均停留时间

如果已知产品的体积流速,且假设在流动的流体中没有速度分布差异（即所有颗粒以相同速度运动）的理想流动条件下,可以计算系统的平均停留时间（$\bar{t}$）。测试区为注入示踪剂入口至测量示踪剂出口之间的区域,平均停留时间 $\bar{t}$ 用测试区体积 V 除以体积流速 Q 予以计算：

$$V = \pi r^2 L \tag{3-1}$$

式中　V——管道体积,m^3;

　　　r——管道内径,m;

　　　L——管道长度,m。

$$\bar{t} = \frac{V}{Q} \tag{3-2}$$

式中　Q——体积流速,m^3/min。

例 1　橙汁以 0.011 36 m^3/min 流速流经长 6.400 8 m,内径 0.050 8 m 直管。橙汁在管道中的平均停留时间是多少?

管道中橙汁的体积（V）为：

$$V = \pi \times (\frac{0.050\ 8}{2})^2 \times 6.400\ 8 \approx 0.012\ 97\ m^3$$

平均停留时间（$\bar{t}$）为：

$$\bar{t} = \frac{0.012\ 97}{0.011\ 36} \approx 1.14\ min$$

在容器中时间大于 t_1 的排出流体。

3.2　各种流动形式的 $F(t)$ 曲线

本章使用 Danckwerts（1953）定义的 $F(t)$ 函数。对于连续流动系统，$F(t)$曲线定义为在系统中停留时间小于 t 时的出口流的体积分数。

为了得到 $F(t)$ 曲线，在保持管或其他装置等测定区的进口处，在产品流中加入盐、酸或染料等示踪剂，测定电导率、pH 值或颜色变化，检测示踪剂的阶跃变化。根据 $F(t)$ 曲线的定义，在时间 $t=0$ 时进入体系内的任何体积元在 t 时间内离开测定区的概率恰好等于 $F(t)$。体积元仍留在系统中且将在 t 时间后离开的概率为 $[1-F(t)]$。

流体元流过体系往往需要消耗有限的时间，所以在 $t=0$ 时，$F(t)=0$。同理，没有一种物质可以无限期地停留在流动体系内，因此 $t=\infty$ 时，$F(t)=1.0$。下面我们将研究不同类型理想流动下 $F(t)$ 曲线的极限值。

3.2.1　层流

层流特征的抛物线形速度剖面如图 3-1(a)所示。在流体中心的产品元移动速度最快，所以这部分会早于近壁产品元离开系统。

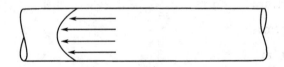

图 3-1(a)　层流的速度分布

图 3-1(b)是这种流动形式的 $F(t)$ 曲线。值得注意的是，层流的 $F(t)$ 曲线是相对于时间 t 对称的 S 形光滑曲线。在理想状态下，在平均停留时间之前和之后流出系统的产品各占 50%。

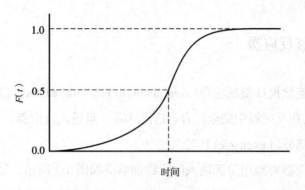

图 3-1(b)　层流的 $F(t)$ 曲线

3.2.2　平推流

　　理想平推流的特点是其独特的平直速度剖面,如图 3-2(a)所示。在这种情况下,所有流体元以相同的速度经过流动体系,因此它们流出系统的时间等于平均停留时间。

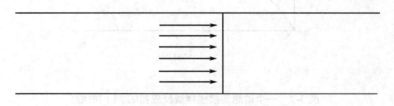

图 3-2(a)　平推流的速度分布

　　图 3-2(b)是平推流中产品的 $F(t)$ 曲线。需要注意的是,平推流 $F(t)$ 曲线的"阶梯式"特点。这表明在时间 $t=0$ 时流入测定区的全部产品均在平均停留时间 t 时流出。

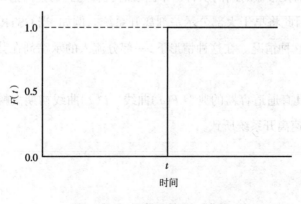

图 3-2(b)　平推流的 $F(t)$ 曲线

3.2.3 连续搅拌釜反应器

如果产品流经连续搅拌釜反应器（continuous stirred tank reactor，CSTR）或一个用于混合的容器时，假设其在反应器中完全混合。这意味着一旦进入反应器，一个体积元可以随时出现在反应器任何部分（Levenspiel 1972）。

理想搅拌釜反应器对理想阶跃输入的示踪剂响应如图 3-3 所示。请注意反应器入口流处的任何变化都将立刻体现在出口流处，即当出口流处没有示踪剂时没有时间延迟。

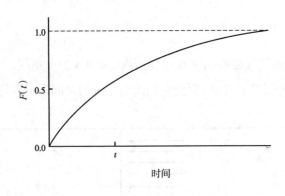

图 3-3　一个理想连续搅拌釜反应器的 $F(t)$ 曲线

3.2.4 通道

当一部分示踪剂在很短时间内从管道中出现时就会遇到通道。这部分示踪剂通过管道时遇到了"捷径"，因此将早于大部分示踪剂离开系统。例如，当 CSTR 反应器的入口和出口接近时就会发生这种情况。在这种情形下，一部分流入的示踪剂在其充分混合前就会立刻流出管道。

图 3-4 所示为具有通道容器的典型 $F(t)$ 曲线。$F(t)$ 曲线初期大幅度增长是由于遇到"捷径"的示踪剂迅速离开系统所致。

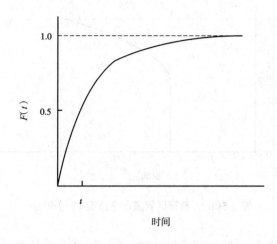

图 3-4　具有通道容器的 $F(t)$ 曲线

3.2.5　死区

死区导致非理想流的情况。在这种情形下,进入测试区域的流体部分停留在死区内,从而降低了流经管道的流速。死区通常出现在拐角、挡板或流动受阻的区域。图 3-5(a)所示为管道中的死区。在有死区管道中平推流的 $F(t)$ 曲线如图 3-5(b)所示。

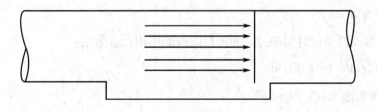

图 3-5(a)　管道中的死区

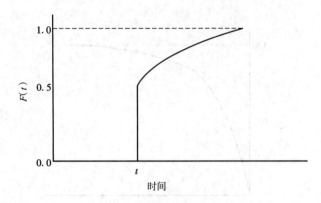

图 3-5(b)　有死区管道中平推流 $F(t)$曲线

需要注意的是,与常规平推流阶梯式曲线特征不同,它的曲线阶梯呈顶部弯曲状。这是由于一部分流体被困在死区所致。死区的特征决定其 $F(t)$曲线的尺寸与形状。

3.3　$E(t)$曲线

$E(t)$函数曲线是由流入测试区的脉冲所得。$E(t)$曲线表示特定时间内离开体系的体积元"分数"。

$E(t)$曲线为归一化分布,即曲线下的总面积是固定的或为$\int_0^{t_i} E(t)\mathrm{d}t$。根据这一定义,从$t=0$ 至 $t=t_i$ 曲线下方的面积等于在容器内停留时间少于 t_i 的出口流处的体积元分数。即:

$$\int_0^\infty E(t)\mathrm{d}t = 1 \tag{3-3}$$

同样,在容器内停留时间超过 t_i 的出口流处的体积元分数是:

$$\int_{t_i}^\infty E(t)\mathrm{d}t = 1 - \int_0^{t_i} E(t)\mathrm{d}t \tag{3-4}$$

$E(t)$曲线如图 3-6(a)表示。

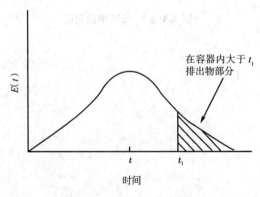

图 3-6(a)　层流 $E(t)$曲线

3.4　各种流动形式的 $E(t)$ 曲线

将根据前述定义对各种流动形式的 $E(t)$ 曲线进行检验。

3.4.1　层流的 $E(t)$ 曲线

层流的 $E(t)$ 曲线是一条对称的钟形曲线（图 3-6（a））。对于通过管道的层流，$E(t)$ 曲线的起点在约为 $\bar{t}/2$ 处，其最大速度为平均速度两倍。

3.4.2　平推流的 $E(t)$ 曲线

理想和非理想情况下平推流的 $E(t)$ 曲线分别如图 3-6（b）和 3-6（c）所示。对于理想平推流，所有注入的示踪剂都在同一时刻离开体系，与平均停留时间相对应。

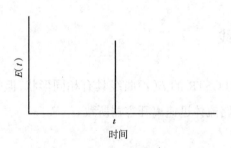

图 3-6（b）　理想平推流的 $E(t)$ 曲线

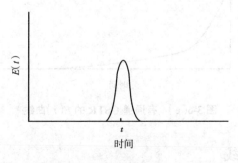

图 3-6（c）　非理想平推流 $E(t)$ 曲线

3.4.3   连续搅拌釜反应器的 $E(t)$ 曲线

充分混合的 CSTR 的 $E(t)$ 值在时间 t=0 时达到最大,之后随时间增加而逐渐减小,见图 3-6(d)。

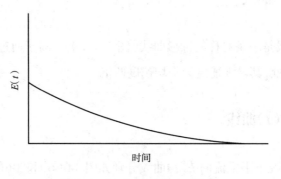

图 3-6(d)   CSTR 的 $E(t)$ 曲线

3.4.4   通道的 $E(t)$ 曲线

有通道和没有通道的 CSTR 的 $E(t)$ 曲线具有相同形状,但是前者初始下降的幅度更大,见图 3-6(e)。这是短路流体迅速离开容器所致。

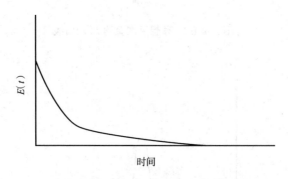

图 3-6(e)   有通道 CSTR 的 $E(t)$ 曲线

3.4.5   死区的 $E(t)$ 曲线

有死区平推流的 $E(t)$ 曲线如图 3-6(f)所示。脉冲后的尾流是由于死区存在导致体积元流速变缓而造成的。

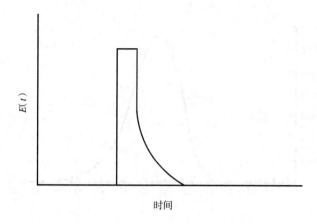

图 3-6(f)　有死区平推流的 $E(t)$ 曲线

3.5　折合时间

$F(t)$ 和 $E(t)$ 曲线的时间轴(x 轴)可以通过除以平均停留时间 t 实现无量纲化。在平均停留时间($\bar t$)时,折合时间(θ)为 1.0,可用于同一尺度上不同大小系统的对比。

例 2　有一长 3.048 m、内径 0.050 8 m 的管道。一种巧克力牛乳饮料($\mu=4\times10^{-3}$ Pa·s 在 25 ℃),以 0.011 36 m³/min 的流速通过管道。巧克力牛乳的 $E(t)$ 曲线如图 3-7(a)所示。请绘制无量纲的 $E(t)$ 曲线。

第一步:如例 1 所示,计算平均停留时间($\bar t$):

$$\bar t = \frac{\pi\times(\frac{0.0508}{2})^2\times3.048}{0.011\ 36}\times60\approx32.6\ s$$

第二步:用 x 轴上的时间(t)除以平均停留时间 32.6 s,得到 y 轴上 $E(\theta)$ 与 x 轴上折合时间(θ)之比。

在例 2 中,雷诺数为 1 183,表明在巧克力牛乳以 0.01 m³/min 的流速在管道内的流动形式为层流。由于这是层流,产品的最大速度约为平均速度的 2 倍,最短停留时间则约为平均停留时间的 1/2。在图 3-7(a)或 3-7(b)中,最短停留时间可通过示踪剂首次于出口流处出现时间,即 $E(t)$ 曲线首次变为非零的时间来确定。在图 3-7(a)中,这种情况发生在 15~20 s 之间。在这种情况下,平均停留时间的 1/2,即 16.3 s,显然是在预期范围之内。

应该指出的是,管内流体任何流动情况下,无论是牛顿流体或假塑性流体,最快流动速度都不会超过平均速度的 2 倍(Pinheiro Torres and Oliveira 1998)。因此,产品任何部分离开管道的时间都不应低于平均停留时间的 1/2。

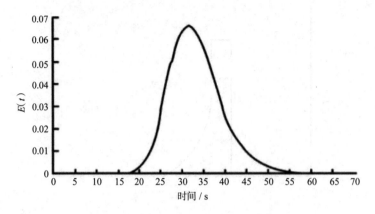

图 3-7(a)　例 2 中层流的 $E(t)$ 曲线

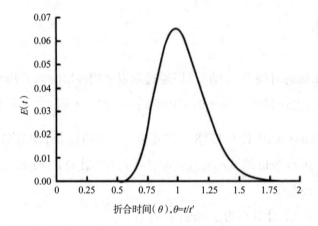

图 3-7(b)　例 2 中的无量纲 $E(t)$ 曲线($E(\theta)$ 曲线)

3.6　$E(t)$ 与 $F(t)$ 曲线对比

通过一个简单的例子来对比两种类型的曲线 $E(t)$ 和 $F(t)$。假设水流经一个容器,在某个时刻 t_0,用 1 mol/L 的 HCl 溶液代替水(阶跃变化输入)。采用 pH 计测量出口流中的酸浓度。在任意大于 t_0 的时刻 t_i,仅出口流处的酸溶液在容器中的停留时间短于 t_i-t_0。出口流中酸溶液的分数 = 容器停留时间小于 t_i-t_0 时的出口流的分数。则方程为:

$$F(t) = \int_{t_0}^{t_i} E(t)\mathrm{d}t \qquad\qquad (3\text{-}5)$$

如果 t_0 为 0,则:

$$F(t) = \int_{0}^{t_i} E(t)\mathrm{d}t \qquad\qquad (3\text{-}6)$$

即

$$\frac{\mathrm{d}F(t)}{\mathrm{d}t} = E(t)$$　　　　　　　　　　（3-7）

因此，$F(t)$ 曲线对时间的导数即得 $E(t)$ 曲线。由此，若 $F(t)$ 曲线已知，可以变化得到 $E(t)$ 曲线。即得到 $F(t)$ 曲线在不同时间的斜率，随后绘制斜率随时间变化的曲线（图 3-8（a）和 3-8（b））。

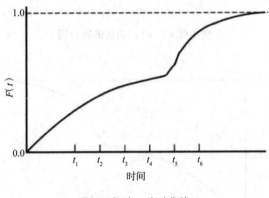

图 3-8(a)　$F(t)$ 曲线

同理

$$F(t) = \int_0^{t_i} E(t)\mathrm{d}t$$

通过上式可以由已知 $E(t)$ 曲线来求取 $F(t)$ 曲线。

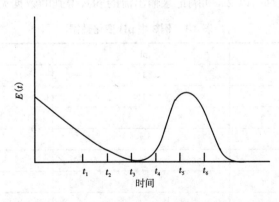

图 3-8(b)　由图 3-8(a)中 $F(t)$ 曲线得到的 $E(t)$ 曲线

对 $E(t)$ 曲线积分可以获得相应 $F(t)$ 曲线。积分可通过图像或数值法来完成。当采用图像时，选择时间 t_i，并确定从 0 时刻到 t_i 时曲线下的面积，就会得到特定时间 t_i 下的 F 值。因此，通过选择一组 t_i，能够得到 $F(t)$ 曲线（图 3-9（a）和 3-9（b））。

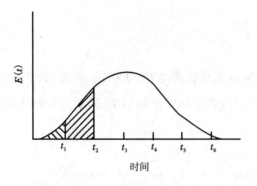

图 3-9(a)　$E(t)$ 曲线的积分图

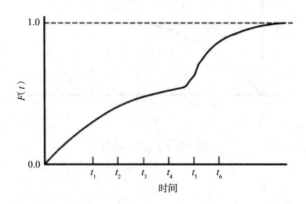

图 3-9(b)　由图 3-9(a)中 $E(t)$ 曲线得到的 $F(t)$ 曲线

例 3　在试验区起点处,向产品流中注入 0.1 mol/L 的 HCl 溶液作为脉冲流入示踪剂。在示踪剂首次流出管段后,以 2 s 间隔记录输出流的 pH,得到的数据见表 3-1。

表 3-1　例 3 中 pH 变化数据

时间 / s	pH	ΔpH
0	11	0
8	11	0
10	8	3
12	7	4
14	6	5
16	6	5
18	7	4
20	9	2
22	10	1
24	11	0

从这组数据可以计算得到一条 $E(t)$ 曲线。pH 曲线下的总面积为:

$$A = \sum \Delta pH \times \Delta t$$
$$= (3+4+5+5+4+2+1) \times 2$$
$$= 48 \text{ s}$$

$E(t)$ 曲线下的面积必须经过归一化处理。这可以通过绘制 ΔpH 值或 ΔpH 值 /48 随时间的百分变化值数据见表 3-2。

表 3-2　例 3 中 ΔpH 值和 ΔpH 值 /48 变化数据

时间 /s	ΔpH 值	ΔpH 值 /48
0	0	0
8	0	0
10	3	0.063
12	4	0.083
14	5	0.104
16	5	0.104
18	4	0.083
20	2	0.042
22	1	0.021
24	0	0

$E(t)$ 曲线如图 3-10（a）所示。利用 $E(t)$ 曲线确定脉冲输入示踪剂的 $F(t)$ 曲线。

注意曲线下约有 100 个方格。（每个方格面积为 0.01，曲线下总面积为 1.0）。

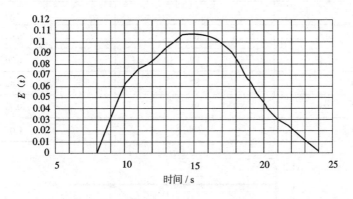

图 3-10（a）　例 3 的 $E(t)$ 曲线

这个问题现在转化为方块计数问题。选取一个时间，并计算从 t=0 到所选时间的曲线下方块的面积之和。将所得面积之和与适当的比例因子相乘，本例中为 0.01，得到与所选时间相关的 $F(t)$ 值。通过在整个时间范围内重复这一计算过程，生成该过程的 $F(t)$ 曲线（图 3-10（c））。

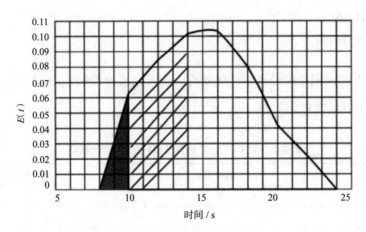

图 3-10（b） $E(t)$ 曲线下面积的图像确定法

图 3-10（b）所示为 0~10 s 和 0~14 s 时 $E(t)$ 曲线下的面积。以 2 s 间隔计算例 3 中区域面积,见表 3-3。

表 3-3   例 3 $E(t)$ 曲线计算数据

时间 / s	面积	$E(t)$
0	0	0.00
8	0	0.00
10	8	0.06
12	21	0.21
14	40	0.40
16	60	0.60
18	79	0.70
20	82	0.82
22	98	0.98
24	100	1.00

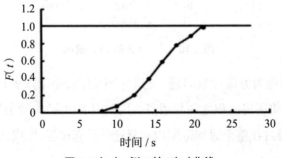

图 3-10（c）   例 3 的 $F(t)$ 曲线

例 4　在试验区起始阶段,将 0.1 mol/L HCl 溶液阶跃变化输入产品中。监测试验区末端 pH,并用条形图记录。测定数据及其最佳拟合曲线如图 3-11(a)所示。

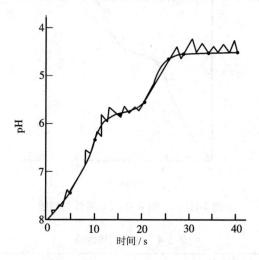

图 3-11(a)　例 4 中 pH 对时间的响应曲线

仅通过调整 y 轴,就可获得 $F(t)$ 曲线。当 pH 达到 4.25 时,所有的酸已经离开体系。因此,pH=4.25 时,$F(t)$ 值为 1;而 pH=8 时,$F(t)$ 值为 0。任意 pH 时 $F(t)$ 曲线值计算如下:

$$F(t) = \frac{8 - \mathrm{pH}}{8 - 4.25} = \frac{8 - \mathrm{pH}}{3.75}$$

$F(t)$ 曲线如图 3-11(b)所示。

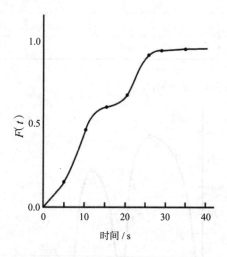

图 3-11(b)　例 4 中 $F(t)$ 曲线

可利用 $F(t)$ 曲线进一步生成 $E(t)$ 曲线。选取一个时间并在 $F(t)$ 曲线上找到其对应点。在此点上绘制相 $F(t)$ 曲线的切线,切线的斜率即为所取时间的 $E(t)$ 值。在全部时间范围内重复这些步骤,即可生成 $E(t)$ 曲线,见图 3-11(c)。$E(t)$ 曲线数据见表 3-4。

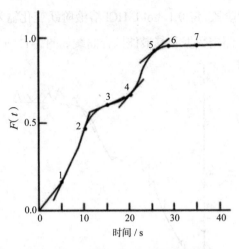

图 3-11(c)　例 4 中 $F(t)$ 曲线的切线

表 3-4　$E(t)$ 曲线数据

时间 /s	切线 No.	斜率 E 值
0	0	0
5	1	0.050
10	2	0.057
15	3	0.013
20	4	0.44
25	5	0.010
30	6	0.003
35	7	0

计算得到 $E(t)$ 值如图 3-11(d)所示。

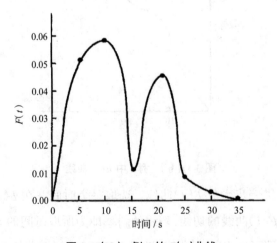

图 3-11(d)　例 4 的 $E(t)$ 曲线

3.7　统计注意事项

有时一个分布仅需用两或三个数值来表述。其中,最重要的度量是分布的平均值。这个平均值就是分布的中位数。对于 $E(t)$ 曲线,平均值由下式算出:

$$\bar{t} = \int_0^\infty tE(t)\mathrm{d}t = \sum t_i E(t_i)\Delta t \tag{3-8}$$

例 5　给出 $E(t)$ 曲线如图 3-12,计算平均值对应时间见表 3-5。

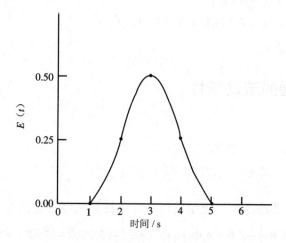

图 3-12　例 5 中 $E(t)$ 曲线

表 3-5　例 5 中 $E(t)$ 曲线数据

时间 /s	$E(t)$ 值
0	0
1	0
2	0.25
3	0.50
4	0.25
5	0

$\Delta t = 1 \text{ s}$

$$\bar{t} = \sum t_i E(t_i)\Delta t \frac{n!}{r!(n-r)!}$$

$$= (0 \times 0 \times 1) + (1 \times 0 \times 1) + (2 \times 0.25 \times 1)$$

$$+ (3 \times 0.5 \times 1) + (4 \times 0.25 \times 1) + (5 \times 0 \times 1)$$

$$= 3 \text{ s}$$

另一个重要的量值是方差(σ^2)。方差表示分布的范围,其表达单位为(时间)²。它主要用于实验曲线与理论曲线的比较。对于$E(t)$曲线,方差由以下公式得出:

$$\sigma^2 = \int_0^\infty (t - \overline{t})E(t)\mathrm{d}t = \int_0^\infty t^2 E(t)\mathrm{d}t - (\overline{t})^2$$

$$= \frac{\sum t_i^2 \sum(t_i)}{\sum E(t_i)} - (\overline{t})^2 = \sum t_i^2 E(t_i)\Delta t - (\overline{t})^2 \tag{3-9}$$

例6 已知例5中$E(t)$曲线,数据如表3-X,计算曲线的方差。假设$\Delta t = 1$ s,$\overline{t} = 3$ s。

$$\sigma^2 = \sum t_i^2 E(t_i)\Delta t - (\overline{t})^2$$

$$= (0^2 \times 0 \times 1) + (1^2 \times 0 \times 1) + (2^2 \times 0.25 \times 1) +$$

$$(3^2 \times 0.5 \times 1) + (4^2 \times 0.25 \times 1) + (5^2 \times 0 \times 1) - (3^2)$$

$$= 9.5 - 9 = 0.5 \text{ s}^2$$

3.8　特定换热器的流动特性

3.8.1　管式换热器

流经套管式换热器产品侧的流量可以等同于计算流经一定横截面积的光滑管道的流量。通过计算雷诺数(Reynolds number,Re)来判断管内流动类型。当$Re < 2\,100$时为层流,流线在整个管长范围内始终彼此存在差异。当$Re > 4\,000$时为湍流。当Re在2 100到4 000之间的过渡区时,可能表现为层流或者湍流(Bird et al. 1960)。

雷诺数(定义见前章)是由管道内径、流体密度、管内平均流速和流体粘度决定的函数。由于管道内径通常不变、液体密度相近,因此流速和流体黏度一般被认为是决定雷诺数的最大影响因素。如果选定了所需Re的操作范围,则可通过调整输送速度(平均流速)来使不同黏度的产品流速保持在范围内。

在层流状态下,mRT值大约是平均停留时间($\overline{t}$)的1/2。RTD将会对称分布于$\overline{t}$,类似于例2中的管内流体。但是,如果流体为雷诺数较大的湍流,mRT值则更接近于平均停留时间(~0.82 $\overline{t}$),RTD分布范围将比层流窄。任何流体中的死区,如放置在管道末端三通管中的传感器处,都会导致RTD值出现拖尾并右倾,类似图3-13中所示。

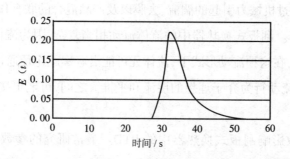

图 3-13　带有死区管中湍流的 $E(t)$ 曲线呈现拖尾或不对称的停留时间分布

3.8.2　板式换热器

板式换热器由一系列间距很窄的具有可变表面的隔板组成,隔板的表面处雷诺数可低至 200 从而表现为湍流。每一块板的表面以波纹状形式压印。当被夹紧在一起时,若干连续板形成狭窄的流动通道。

因此,板式换热器中流体通常表现为湍流方式。但是,与管道中湍流不同,如果从流入口注入示踪剂,示踪剂不会均匀地流动而是分散于若干细小的流道而在板上形成不同的路径,如图 3-14 所示。

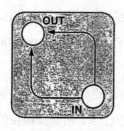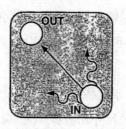

图 3-14　流体通过板式换热器的几种途径　新通道的出现允许流体更快通过板面(右图)

尽管内流体以湍流流动,但示踪剂以不同的路径通过换热器,这使其 RTD 比以湍流形式流动的脉冲示踪剂呈更宽的分布。实际上,在低流速下,管道中的层流近似于高斯曲线。

3.8.3　刮板式换热器

刮板式换热器由一系列同心圆管组成,圆管间有加热或冷却介质,并且在内缸里有带刮板的转动轴。刮板通过机械力引起的湍流、去膜以及产品混合的联合作用,不断地刮削传热表面来提高传热速率。刮板式换热器中的流体流动相当复杂,因为流体速度有两个非零分量而产生"螺旋流"。在这种流动形式下,流体元可能沿着螺旋途径通过换热器。RTD 数据表明,刮板式换热器流动行为介于理想的层流和平推流之间,可能更接近平推流(Cuevas et al. 1982)。

运行和设计参数影响刮板式换热器中的 RTD。最常研究的参数是流速和增变速度。实验表明,产品流速的降低或增加都会导致 RTD 变宽(Chen and Zahradnik 1967;Manson and Cullen 1974;Milton and Zahradnik 1973)。

3.9　非均相食品加工过程的停留时间分布

无菌加工的最终目标之一是将其应用于加工流体中含有分散食品物质的非均相食品产品。这类产品的无菌加工通常使用刮板式换热器。有时,管式换热器(双管型或三管型)也可用于剧烈湍流状态下此类产品的杀菌处理。流体中颗粒的引入使流动状态明显变得复杂。而流动类型则会影响设备中的 RTD,继而影响终端产品的质量。

为了在连续无菌加工系统中实现含有大颗粒产品的热处理过程,准确地测定颗粒中心温度及其停留时间是非常重要的。从公共卫生的角度看,需要根据传热最慢的颗粒温度和处于保持段运动最快颗粒的保持时间计算致死率(Dignan et al. 1989)。由于无法确定在实际运行过程中进入商业系统的最快颗粒,因此必须测定大量颗粒的停留时间。然后,就可以从统计学上以高置信度预测最快运动颗粒的停留时间(Berry 1989;Sastry and Cornelius 2002)。

还应指出的是,非均相食品产品内部热量传递受到诸多因素限制,如导热率和悬浮固体颗粒尺寸。由于食品颗粒尺寸和材料导热率不同,使受热最慢颗粒的测定更加复杂。

3.9.1　刮板式换热器

Taeymans 等(1985)研究了由海藻酸钙微珠和水组成的非均相模型食物系统中固液两相的 RTD。估算了平均的停留时间,它是由轴向雷诺数、旋转雷诺数和离心阿基米德数 3 个无量纲数决定。通过这种方法可以预测平均停留时间随液体黏度、比重和颗粒直径的变化情况。在此研究中观察到,随着刮板转速的增加,旋转雷诺数增加,固相平均停留时间增加(图 3-15(b));随流速增加即轴向雷诺数增加,固相平均停留时间减少并接近液相平均停留时间;随固相浓度,固液比增加,其平均停留时间降低。

　　然而,在后续研究中, Taeymans 等人(1986)证实了,在一定转速下,液相和固相的 RTD 不同(图 3-15(a))。图 3-15(a)表明,测定的固相平均停留时间大于其计算值($\bar{t}$)。转速对固相平均停留时间的影响如图 3-15(b)所示。这些结果表明,转速对固相平均停留时间的测量值有很大影响,且随转速增加,流体的流动形式偏离了理想平推流。

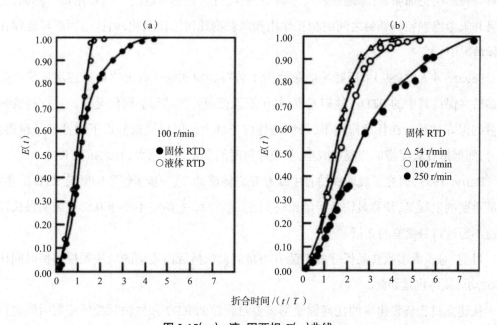

图 3-15(a)　液、固两相 $F(t)$ 曲线
图 3-15(b)　实验用刮板式换热器非均相食品中突变速度函数的固相 $F(t)$曲线

(来源:Taeymans et al. 1986)

　　可以想象,为了获得足够均一的产品,理想的流动形式是平推流。但是,由于平推流中缺乏径向和轴向的混合,其中热质传递会相当缓慢。另一方面,完全混合的流动需要强烈的搅拌,这会促进传热和传质,但也会扩大 RTD。由于刮板式换热器内部流动形式介于理想平推流和理想 CSTR 之间,采用中间模型,即一系列 CSTR 流动来模拟其 RTD(Taeymans et al. 1985 , 1986)。因此,采用刮板式换热器是至关重要的,它能够模拟接近理想平推流的 RTD,保留 CSTR 的热质传递特性,并使颗粒物料破碎降到最低。

3.9.2　保持管

　　最快速流动颗粒在保温阶段的停留时间可以通过视觉观察、摄像、回放录像、放射性示踪剂和磁响应来测定。由于非均相食品 RTD 的复杂性和对其理论认知的缺乏,对其进行建模研究大多受到一定限制。因此,建议测试每个新产品和系统的最快颗粒停留时间。

McCoy 等人(1987)模拟了保持管中食品颗粒在黏性非牛顿流体中的 RTD。他们得出以下结论:①对于高黏度载液,弯曲尺寸和弯曲累积效应对球形颗粒的径向位置影响很小;②对于低黏度载液,弯曲效应变得明显,球体颗粒沿径向外移;③随着液体介质流速增加,弯曲对颗粒影响更加明显;④随颗粒尺寸减小,颗粒行为更加不稳定,RTD 增加。然而,上述结果并未考虑颗粒与颗粒之间的相互作用和颗粒物几何结构变化,而这些因素可能存在于实际情况中。

Segner 等人(1989)采用磁响应法测量了装有淀粉和糖汁的火鸡块经过刮板式换热器换热后在保持管中的 RTD。他们发现,基于层流假设计算的保温时间是对流过保持管颗粒流量的保守估计。在任意流速下,最快磁性粒子移动速度比层流假设下磁性粒子慢得多。同时,随保持管长度增加和流速减小,颗粒停留时间变化显著增大,有效拓宽 RTD。

Berry(1989)研究了玻璃保持管中橡胶立方体流动,进一步了解影响颗粒 RTD 的参数。其最重要的发现是,预测最快粒子停留时间比($t_{最快}/t_{平均}$)始终不小于 0.5,这表明最快颗粒流速不超过自身流速的 2 倍。

目前,对于大多数食品保守的杀菌方法是假设保持管内流动的最快颗粒停留时间比为 0.50,均质流体也是如此。

从建立过程假设出发的任何偏差都需要对颗粒的 RTD 和最快颗粒的停留时间进行详细研究,应使用已确定关键颗粒的实际食品进行试验,产品以实际生产时的流速流动(Berry 1989)。对于具有不同颗粒大小和类型(成分)的产品,最关键元素是运动最快的颗粒;对于有不同颗粒大小和类型的混合物,最重要元素取决于热性能、颗粒大小和速度。

具有较低热扩散率(或较大颗粒)的较慢流动颗粒会获得比较快颗粒更低的热效应。表 3-6 总结了有关颗粒 RTD 的一些文献。

表 3-6　研究系统参数对停留时间分布影响的文献

体系	观察到的效果	参考文献
直保持管	随流量、颗粒浓度和液体黏度增加,颗粒 RTD 逐渐变窄。	Salengke and Sastry 1995;Sandeep and Zuritz 1995;Ramaswamy and Grabowski 1998
弯曲截面保持管	均一颗粒停留时间随颗粒浓度和弯曲曲率半径增大而增大; 均一圆柱颗粒在半径为 22 cm 的 U 形管内停留时间,随颗粒尺寸和流速增大而减小。	Salengke and Sastry 1995,1996

续表

体系	观察到的效果	参考文献
螺旋保持管	由于螺旋管中二次流动,使得颗粒 RTD 比在直管中窄;增大流量和增大曲率比(管道直径:盘管直径),可减少平均停留时间及其分布宽度。	Sandeep,Zuritz,and Puri 1997;Karay,Palazoglu,and Sandeep 2004
螺旋管与直管	螺旋管中均一颗粒停留时间比直管短 颗粒浓度较高(30%)时,均一颗粒停留时间较短 －在螺旋管中,最快颗粒:$v_{max}=1.96\bar{v}$ －在直管中,最快颗粒:$v_{max}=1.8\bar{v}$	Chakrabandhu and Singh 2006
立式刮板式换热器	较低黏度,较高突变速度和较大粒子尺寸增加均一颗粒停留时间	Lee and Singh 1998
直管式换热器	颗粒停留时间(particle residence time ,PRT))随黏度增加、颗粒浓度增加而缩短 由于管壁处黏度较高,冷却管中颗粒停留时间比加热管短 波纹管比光滑管的停留时间短	Tucker and Heydon 1998

参考文献

Berry, M. R., Jr. 1989. Predicting fastest particle residence time. In *Proceedings of the First International Congress on Aseptic Processing Technologies*, 6. Indianapolis, March 19-21. West Lafayette, Ind.: Purdue University, Dept, of Food Sciences.

Bird, R. B., W. E. Stewart, and E. N. Lightfoot.1960. *Transport phenomena*. New York: John Wiley & Sons.

Chakrabandhu, K.s and R. K. Singh. 2006. Determination of food particle residence time distributions in coiled tube and straight tube with bends at high temperature using correlation analysis. *J. Food Eng.* 76:238-249.

Chen, A. C.s and J. W. Zahradnik. 1967. Residence time distribution in a swept-surface heat exchanger. *Trans. ASAE* 10:508.

Cuevas, R., M. Cheryan, and V. L. Porter. 1982. Heat transfer and thermal process design in a scraped-surface heat exchanger. *Amer. Inst. Chem. Eng. Symp. Ser.* 218(78): 49.

Danckwerts, P. V. 1953. Continuous flow systems(distribution of residence times). *Chem. Eng. Set* 2:1.

Dignan, D. M., M. R. Berry, I. J. Pflug, and T. D. Gardine. 1989. Safety considerations in establishing aseptic processes for low-acid foods containing particulates. *Food Technol.* 43 (3); 118.

Hill, C. G., Jr. 1977. *An introduction to chemical engineering kinetics and reactor design.* New York: John Wiley & Sons.

Lee, H. L., and R. K. Singh. 1998. Normalized particle residence times as affected by process parameters in a vertical scraped surface heat exchanger. *Int. J. Food Sci. and Tech.* 33 (4): 429-434.

Levenspiel, O. 1972. *Chemical reaction engineering.* 2nd ed. New York: John Wiley & Sons.

Manson, J. E., and J. F. Cullen. 1974. Thermal pro¬cess simulation for aseptic processing of foods containing discrete particulate matter. *J. Food Sci.* 39:1084.

McCoy, S. C., C. A. Zuritz, and S. K. Sastry. 1987. Residence time distribution of simulated food particulates in a holding tube. ASAE Paper No 87-6536, American Society of Agricultural Engineers, St. Joseph, Mich.

Milton, J. L., and J. W. Zahradnik. 1973. Residence time distribution of a Votator pilot plant using a non-Newtonian fluid. *Trans. ASAE* 16:1186.

Palazoglu, T. K., and K. P. Sandeep. 2004. Effect of tube curvature ratio on the residence time distribution of multiple particles in helical tubes. *Lebensmittel-Wissenschaft und Technologie* 37(4): 387-393.

Pinheiro Torres, A., and F. A. R. Oliveira. 1998. Residence time distribution studies in continuous thermal processing of liquid foods: A review. *J. Food Eng.* 36:1-30.

Ramaswamy, H. S, K. A. Abdelrahim, B. K. Simpson, and J. P. Smith. 1995. Residence time distribution (RTD) in aseptic processing of particulate foods: A review. *Food Res. Int.* 28 (3): 291-310.

Ramaswamy, H. S., and S. Grabowski. 1998. Identification of fastest velocity particle in tube flow: Single vs multi-particle approach. *J. Food Sci.* 63 (4): 565-570.

Salengke, S., and S. K. Sastry. 1995. Residence time distribution of cylindrical particles in a curved section of a holding tube: The effect of particle size and flow rate. *J. Food Proc. Eng.* 18 (4): 363-381.

Salengke, S. & Sastry, S.K. 1996. 1996. Residence time distribution of cylindrical particles in curved section of a holding tube: The effect of particle concentration and bend radius of curvature. *J. Food Eng.* 27:159-176.

Sandeep, K. P., and C. A. Zuritz. 1995. Residence times of multiple particles in non-Newtonian holding tube flow: Effect of process parameters and development of dimensionless correlations. *J. Food Eng.* 25 (1): 31-44.

Sandeep, K. P., C. A. Zuritz, and V. M. Puri. 1997. Residence time distribution of particles during two-phase non-Newtonian flow in conventional as compared with helical holding tubes. *J, Food Sci* 62 (4): 647-652.

Sastry, S. K., and B. D. Cornelius. 2002. *Aseptic processing of foods containing solid particulates.* New York: John Wiley & Sons.

Sastry, S. K., and G. A. Zuritz. 1987. A model for particle suspension flow in a tube. ASAE paper No. 87-6537. American Society of Agricultural Engineers, St. Joseph, Mich.

Segner, W. P., T. J. Ragusa, C. L. Marcus, and E. A. Soutter. 1989. Biological evaluation of a heat transfer simulation for sterilizing low-acid large particulate foods for aseptic packaging. *J. Food Proc. Preserv.* 13:257.

Taeymans, D., E. Roelans, and J. Lenges. 1985. Influence of residence time distribution on the sterilization effect in a scraped-surface heat exchanger used for processing liquids containing solid particles. In International Union of Food Science and Technology (IUFOST), *Aseptic Proc. Packag. Foods Proc.*, September 9-12, 100-107, Tylosand, Sweden.

Taeymans, D., Roelans, E. and Lenges, J. 1986. 1986. Residence time distribution in a horizontal SSHE used for UHT processing of liquids containing solids. In *Food Engineering and Process Applications*, vol. 1, *Transport Phenomena*, 247-258. Barking, UK: Elsevier Applied Science Publishers.

Tucker, G. S., and C. Heydon. 1998. Food particle residence time measurement for the design of commercial tubular heat exchangers suitable for processing suspensions of solids in liquids. *Transactions of IChemE*, pt. C, 76:208-216.

第4章　无菌加工与包装食品的微生物学

Richar D H. Linton

李红娟　编译

无菌加工与包装食品的微生物学目的是生产"商业无菌"的加工食品。无菌加工将食品通过热加工制成商业无菌食品,然后包装在商业无菌容器中。无菌食品是储存在密封容器中的稳定产品。

FDA 在 CFR 中定义了热加工食品的商业无菌性。(a)通过对食品进行热加工,使食品中的微生物在非冷藏的储藏和运输过程中不能繁殖,并且食品中不含有危及公共健康的、活的微生物。(b)或者控制食品水分活度和热加工,使食品中的微生物在非冷藏的储藏和分销过程中不能繁殖。在食品无菌加工处理和包装过程中,通过采用热加工、化学消毒剂或者其他合适的处理工艺,使相关的加工设备及包装容器达到商业无菌。商业无菌的设备和容器不能含有活的危及公共健康特征的微生物,同时,在正常的非冷藏储存和分销过程中,其他具有健康危害特征的微生物也不能繁殖(CFR 2009a,2009d)。

用于商业无菌食品的热加工工艺有很多种方式,无菌加工处理和无菌包装系统面临不同的微生物挑战。罐头的高压杀菌的热加工工艺,经常用于如下的食品包装类型,铁罐、玻璃罐、半硬或者软塑料包装及纸盒包装。这种工艺通过温度和时间的综合作用杀灭微生物,从而使食品达到商业无菌。此时,食品和包装同时达到商业无菌。对于传统的罐头杀菌方式,食品的热加工程度在包装中不一致,与包装中冷点位置达到商业无菌所需要的最低的热加工相比,部分其他位置的食品受到的热加工大很多。这将会对加工食品的质量产生负面的影响,如颜色和口感。另一方面,无菌加工工艺可以对食品和包装分别进行商业无菌处理。该工艺同样通过温度时间的综合作用使产品达到商业无菌,但是由于该工艺通过热交换器处理,而且食品承受一致的热处理,所以,该工艺所用采用的杀菌温度和时间远低于极端的杀菌温度和时间。传统加工与包装系统和无菌加工与包装系统的对照,如图 4-1 所示。

与传统的罐头杀菌工艺相比,该工艺可以生产出更高质量的产品。对于无菌包装,热处理、化学法、辐射或者综合这几种方式,对食品的包装接触面进行商业无菌处理。在食品和包装灭菌之后,在无菌区进行灌装和包装密封。

因此,从微生物角度来考虑无菌加工食品,食品制造商需要设计并提供食品商业无菌加工工艺、包装商业无菌处理工艺以及在产品灌装和包装密封过程中保持商业无菌环境。传统罐头杀菌工艺通过监控相关的因素来保证食品商业无菌,与传统罐头工艺相比,从防止微生物污染角度考虑,无菌工艺更加复杂。

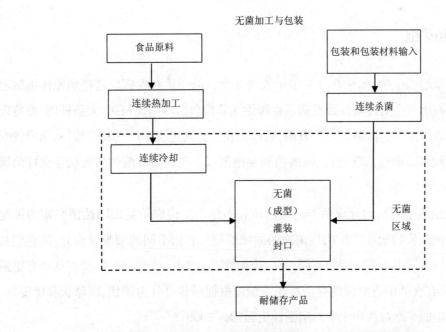

图 4-1　传统加工与包装系统和无菌加工与包装系统的对照

4.1　食品安全和微生物导致的食品腐败

对于无菌加工食品,病原菌和腐败菌是两类造成危害的微生物。食源性病原菌会引起疾病,有时甚至导致人员死亡。它们包括不同类型的细菌、细菌毒素、寄生虫和病毒。常见的食源性病原菌包括沙门氏菌属和大肠杆菌或者由金黄色葡萄球菌和肉毒杆菌产生的毒素。腐败微生物导致不能接受的食品气味和口感,并且在生长过程中会产气,导致胀包。腐败微生物包括酵母、霉菌、乳酸菌和醋酸菌。腐败微生物包括嗜热脂肪芽孢杆菌、产芽孢梭状芽孢杆菌、脂环酸芽孢杆菌、丝衣霉属。

美国规定了低酸和酸性食品热加工工艺要求,确保在终产品中不出现在储存期生长的食源性病原菌。食品公司还要确保在终产品中不能出现腐败微生物,因为它们会在食品中生长并导致健康危险和经济损失。

4.2　微生物种类

对食品的热加工工艺和保质期稳定性影响最大的微生物包括细菌、酵母和霉菌。其中细菌的影响最大,因为它可以导致食源性疾病和腐败,而酵母和霉菌仅导致腐败。细菌及其产生的芽孢是热加工工艺过程杀灭的目标菌。

4.2.1　细菌和芽孢

细菌是单细胞微生物,如果在食品中生长会导致食品变质和疾病。这些病原体细胞通过感染或者它们所产生的毒素导致疾病。食源性病原菌包括沙门氏菌属、大肠杆菌、波特氏梭状芽孢杆菌和腊样芽孢杆菌。另一方面,腐败菌在生长的过程中产气和产酸,从而导致变质。普通的产酸腐败菌包括乳酸菌、醋酸菌和芽孢菌属。产气腐败菌包括梭状芽孢杆菌属和乳酸菌。

细菌根据细胞壁的结构分成两类。蛋白质和多糖基质构成革兰氏阳性菌坚实的细胞壁。脂质和多糖基质构成革兰氏阴性菌脆弱的细胞壁。它们不同的细胞壁成分,使它们具有不同的生存特征。由于细胞壁的不同,革兰氏阳性菌对加热、干燥、酸性、冷冻环境有更强的耐受性,并且在食品中有更强的存活特征。细菌根据形状可分为棒状、圆球状和螺旋状。棒状菌及其产生的芽孢对热和化学的耐受性更强(Jay 2000)。

所有的细菌以"营养状态"存在,这是细菌活跃生长的阶段。营养细胞在适宜的条件下,细胞数量以每隔 15 min 的速度进行倍增。一些棒状细菌可以变成具有特殊细胞结构的芽孢。在干燥、酸性、低温等恶劣条件下,芽孢形成菌可以转化成它们的芽孢状态。但是当生存条件改善时,这些芽孢又可以转变成营养细胞状态并开始生长。与营养细胞相比,芽孢在整个的热加工工艺过程中对热、化学消毒剂和杀菌剂的耐受性要强很多。因此,芽孢菌是食品热加工工艺或设备消毒和杀菌程序中的目标菌。

4.2.2　酵母

酵母是比细菌大的单细胞微生物。酵母通过芽殖进行生殖。首先在母体上形成小芽,小芽逐步长大,然后离开母体成为一个单独的酵母细胞。由于酵母在生长过程中产气和酒精,所以广泛地应用在面包、啤酒、葡萄酒等发酵食品中。但是这些相同的副产品在特定的食品中也会引起腐败变质。酵母较容易在远低于无菌加工处理所需要的温度灭活。当无菌加工过程、包装过程、储存和运输过程中包装存在缺陷时,无菌产品很容易被酵母污染。与其他的微生物相比,酵母在高糖和高酸的食品中能更好地存活。

4.2.3　霉菌

霉菌体积大于细菌和酵母,它与高等植物有相似的特征。这种多细胞生物呈管状细丝形。霉菌通过芽孢的子实体进行分支和生殖,这些芽孢存在于空气中。菌丝体或者缠绕的细丝和根部类似。由于霉菌体积比较大,所以当霉菌在食品中生长时,在食品上可见。能够产生各种类型的副产物,从而导致腐败。最近几年,人们开始关注能在酸性饮料和食品中生长的耐热霉菌。当原料中有可能含有耐热霉菌,必须设计相应的热杀菌工艺。大部分的霉菌是需氧菌,在生长时需要大量的氧气。密封的无菌包装及低氧含量能最大限度抑制食品中霉菌的生长。

4.3　微生物来源

微生物来自各个方面,食品和食品添加剂中也会存在微生物。重点是需要知道微生物的来源和如何进行控制。配方中的食品原料是微生物最主要的来源。了解原料中微生物的种类和含量非常重要。这些信息可以确定商业无菌食品热杀菌工艺的杀菌温度和时间。

　　食品工厂的人员也是导致微生物污染的重要来源。洗手和良好操作规范（GMPs）是预防人源食品污染的重要措施。食品接触面,包括加工设备和包装材料也是微生物污染的来源。通过有效清洗、消毒、杀菌工艺、化学及加热的方式控制这些潜在的污染源。加工环境中的水和空气也会导致食品污染。水需要处理成为饮用水,空气需要通过过滤或者灭菌处理。最后,啮齿动物、昆虫和其他的害虫也会带来各种各样的病原体和腐败微生物。害虫管理控制程序有助于消除这些潜在的微生物来源。食品配料中可能存在的不同类型的微生物见表 4-1。

表 4-1　食品配料中可能存在的不同类型的微生物

微生物	植物原料	动物粪便和原料	土壤和水	空气和尘土	人员
细菌					
芽孢杆菌芽孢	x	x	xx	x	x
梭状芽孢杆菌芽孢	x	x	xx	x	x
大肠杆菌	x	xx	x		x
乳杆菌	xx	x			
乳球菌属	xx	x			
明串珠菌属	xx	x			
伪单胞菌属	xx	x	x		
沙门氏菌	x	xx	x		
志贺氏菌					xx
葡萄球菌					xx
酵母菌与霉菌					
曲霉属	xx		xx	xx	x
丝衣霉	xx		xx	xx	x
克鲁维酵母属	xx		xx	x	x
酵母菌属	xx		xx	x	x
篮状菌	xx		xx	x	x

注释:x= 来源,xx= 重要来源。

来源:改编自 Jay 2000

4.4　微生物的生长

　　由于食品商业无菌的定义是破坏能在预期的储存条件下生长的微生物,因此,非常有必要了解影响微生物生长的因素。食品中影响微生物生长的 5 个主要因素是:食品种类、酸度、水分活度、温度和氧气(Banwart 1989),见表 4-2。引起疾病的病原体和导致腐败的微生物生长所需要的各因素的条件不同。腐败微生物的生长因素范围非常宽泛,表 4-2 中所列出的各种微生物必须在具备所有生长因素的条件下才可以生长。

表 4-2　食品中病原菌和腐败菌生长所需要的条件

生长因子	病原菌	腐败微生物
食品	糖、蛋白质	糖、蛋白质
pH	>4.6(芽孢形式)	>1.5
A_w	>0.85	>0.60
温度	5~57	0~93
氧气	有或无	有或无

4.5　食品

从食品配方角度来讲,致病和腐败微生物都喜欢在高糖和高蛋白的食品中生长,大部分的动物基和植物基的配料都具有适合微生物生长的全部营养素。

食品 pH 的范围是 0~14。pH 越低,食品越酸。pH =7 的食品是中性食品,pH<7 的是酸性食品,pH>7 的是碱性食品。对于热工艺加工食品,FDA 关注 pH>4.6 的能在食品中生长的病原菌,但是,腐败微生物可以在酸性的食品中生长。不同食品的 pH 见表 4-3。

A_w(食品水分活度)是食品中水的蒸汽压与相同温度的纯水的蒸汽压的之比,A_w 的大小可体现食品非水组分与食品中水分的亲和能力大小,用来测量食品体系中可以供微生物生长和化学反应的水分。A_w 等于用百分率表示的相对湿度,其数值在 0~1 之间。A_w 测量食品中没有与其他成分或化学物质结合的水分。食品病原体在 A_w>0.85 时可以生长,腐败微生物可以在 A_w>0.60 的食品中生长。食品水分活度见表 4-4。

表 4-3　不同食品的 pH

食品	pH 范围	食品	pH 范围
柠檬汁	2.0~2.6	甘薯	5.3~5.6
苹果	3.1~4.0	洋葱	5.3~5.8
蓝莓	3.1~3.3	马铃薯	5.4~5.9
酸菜	33~3.6	菠菜	5.5~6.8
橙汁	33~4.2	豆子	5.6~6.5
菠萝	3.3~3.8	豌豆	5.7~6.0
番茄	3.5~47	玉米	5.9~6.5
桃子	3.1~42	大豆	6.0~6.6

食品	pH 范围	食品	pH 范围
梨子	4.0~4.1	蘑菇	6.0~6.7
香蕉	4.5~52	蛤蜊	6.0~7.1
甜菜罐头	4.9~5.8	三文鱼	6.1~6.3
芦笋	5.0~6.0	椰乳	6.1~7.0
牛肉	5.1~7.0	牛乳	6.4~6.8
红萝卜	4.9~5.2	鹰嘴豆	6.4~6.8

温度。食品病原菌能在5~57 ℃的范围内生长,腐败菌能在0~93 ℃的范围内生长。这两类微生物都可以在货架稳定期储存温度下存活。在温度 >57 ℃开始死亡,温度 <5 ℃会阻止或者延缓营养细胞生长。在冷冻条件下,微生物不能生长,但是可以存活很长时间。

氧气。细菌生长需要有氧或者无氧环境,在有氧环境中才能生长的菌称为"需氧菌",只能在无氧的环境下生长的菌称为"厌氧菌"。在有氧和无氧环境都可以生长的菌称为"兼性厌氧菌"。多数情况下,为了提高产品质量,在灌装过程中会尽可能地排出或者降低氧含量。因此,如果在热加工过程中没有完全破坏兼性厌氧菌和厌氧菌,它们就很有可能生长。酵母和霉菌则需要大量的氧气(空气)才能生长或者产生毒素。

表4-4　食品水分活度

食品	A_w	食品	A_w
新鲜水果	0.97~1.00	果冻果酱	0.75~0.94
新鲜蔬菜	0.97~1.00	大米	0.80~0.87
新鲜家禽	0.98~1.00	水果蛋糕	0.80~0.87
鲜鱼	0.98~1.00	面粉	0.67~0.87
鲜肉	0.95~1.00	蜂蜜	0.54~0.75
布丁	0.97~0.99	干果	0.51~0.89
鸡蛋	0.97	巧克力糖	0.69
果汁	0.97	燕麦片	0.65~0.75
面包	0.95~0.96	面条	0.50
干酪	0.91~1.00	干全蛋	0.40
帕尔玛干酪	0.68~0.76	饼干	0.30
腌肉	0.87~0.95	干蔬菜	0.20
烤蛋糕	0.90~0.94	谷类	0.10~0.20
枫糖浆	0.90	饼干	0.10
坚果	0.66~0.84	糖	0.10

来源: Jay 2000; Banwart 1989.

4.6　低酸、酸化和高酸食品

通常,理解微生物类型需要知道的两个重要特征是微生物能在食品中生长的 pH(酸度)和 A_w,见表 4-3 和 4-4。这些信息是热杀菌工艺的基础,从法规角度,低酸食品和酸性食品这两类不同的食品有相应的热加工法规要求。

低酸食品是除了酒精饮料之外的终产品 pH>4.6 及 A_w>0.85 的食品。番茄和番茄产品 pH<4.7 不归为低酸食品。21 CFR 113(21 CFR 2009d)是低酸食品法规要求。酸化食品是添加了酸或酸性食品的低酸食品。其 A_w>0.85 并且终产品 pH ≤ 4.6。少量低酸食品如碳酸饮料、果酱、果冻、蜜饯和酸性食品,其终产品 pH 与主要酸性和酸性食品没有显著差别,在冷藏的条件下进行储存、分销和零售,但是这些产品并不归为酸化食品。21 CFR 114(CFR 2009a)规定了酸化食品的法规要求。pH ≤ 4.6 并且 A_w ≤ 0.85 不适用于 21 CFR113或 21 CFR 114 的热加工规定。高酸食品的 pH<4.6。虽然高酸食品不在这些法规的规定之内,但是仍通过热加工来预防食品腐败。表 4-5(a)和表 4-5(b)列举了造成低酸和酸化或者高酸食品问题的微生物。

造成无菌加工食品腐败变质的原因很多。产品杀菌不足指的是商业无菌食品没有达到最低杀菌温度和杀菌时间。如果原料的微生物水平高于规定,也会导致杀菌不足。后加工污染指的是产品加热之后造成的污染。在无菌区灌装操作过程中涉及的设备、包材、空气、水或者人员都会导致污染。在包装密封不严或在包装、储藏或者流通过程中有微生物侵入的情况下会发生后加工污染。当食品发生腐败时,诊断腐败原因很重要,以便防止或者降低腐败的进一步发生。通过评估包装外观和食品外观进行判断。表 4-6 是由于包装和食品外观热杀菌不足污染与后处理过程污染的对比(FDA 2009)。

表 4-5(a)　低酸食品中微生物问题举例

微生物	问题
很多非芽孢形成菌	致病菌
肉毒肉毒梭状芽孢杆菌	致病菌
产气荚膜梭状芽孢杆菌	致病菌
蜡样芽孢杆菌	致病菌
很多非芽孢形成菌	食品腐败
其他梭状菌	食品腐败

来源:Jay 2000;Banwart 1989.

表 4-5（b）　高酸和酸化食品中微生物问题举例

微生物	问题
乙酸菌（如醋酸杆菌）	食品腐败
乳酸菌（如明串珠菌属乳酸杆菌）	食品腐败
酵母（如酵母属）	食品腐败
霉菌（如丝衣霉属篮状菌）	食品腐败

来源：Jay 2000；Banwart 1989.

4.7　破坏和杀灭微生物

为了达到商业无菌，所有的微生物（在食品规定的储藏温度下能够生长）都必须杀灭或者去除。对于无菌加工处理的产品，产品内容物、包装、与产品接触的设备及商业无菌产品暴露的加工区域（无菌区）都要进行微生物杀菌处理。

热加工，以温度和时间组合，是最常见的食品商业杀菌的方法。通过杀菌温度和保持时间测量热杀菌效果。可以采用不同的温度和时间组合对食品进行商业无菌加工。高温短时和低温长时都可以杀灭相同水平的微生物。

通过 D 值、Z 值和 F_0 值可以在食品中测定微生物的耐热性并设计和评价食品热加工过程。D 值是在特定温度下对杀灭特定食品中微生物的测量。Z 值考虑了不同加热温度下的 D 值，并允许计算不同温度－时间条件下的等效热过程。F_0 值通常称为杀菌值，使用 D 值和 Z 值计算整个热加工工艺。

"预定程序"是对每种食品的详细描述，包括食品配方、达到商业无菌所需的温度和时间条件、预灭菌、加工、包装、储存和分销过程中所需的程序。D 值、Z 值和 F_0 值是建立预定程序所需的基本信息。本章以下各节描述这些术语。

表 4-6　杀菌不足和后加工污染的产品变质诊断

属性	杀菌不足	后加工污染
包装外观	扁平或膨胀；接缝正常	通常膨胀
产品外观	松散发酵	起泡，黏性
产品气味	正常，酸，腐败；连续出现	酸，粪便；一般出现在不同包装中
产品pH	通常相当稳定	差异较大
产品微生物	培养物仅显示芽孢形成杆状细菌	混合培养物、棒状细菌和球菌、酵母和/或霉菌

4.7.1　D 值

热加工导致的微生物破坏程度可以通过计算 10 倍递减时间, 即 D 值来测量, D 值指的是在恒定的温度下将微生物的数量降低 90% 或者一个对数周期所需要的时间。D 值通常用来对比不同的食品在不同的加热条件下微生物的热灭活率。D 值参数包括加热杀灭的微生物类型、食品温度和加热的食品类型。微生物存活曲线通过存活细胞的对数值和相应的加热时间绘制成一条直线, 此图可用于确定 D 值(图 4-2)。通常用微生物存活曲线最佳拟合线的斜率倒数的负值是计算 D 值(Stumbo 1973)。

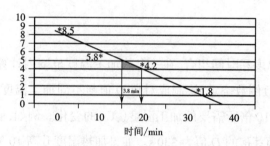

图 4-2　用于计算食品中微生物 D 值的微生物存活曲线图

表 4-7 显示了在恒温条件下, 对数杀灭和微生物杀灭百分比之间的关系。通常, 热过程特定表示为 "D 杀灭"。例如, 肉毒梭状芽孢杆菌芽孢的 12D 过程将导致 12 个对数周期或 10^{12} 个芽孢的破坏。

不同的致病菌和腐败菌的 D 值差异很大, 细菌和细菌芽孢的耐热性最强, 其次是革兰氏阳性菌营养细胞, 最后是革兰氏阴性菌的营养细胞。对于真菌, 子囊芽孢比酵母和霉菌细胞有更强的抵抗力。图 4-8 为各种食品在不同的加热条件的 D 值。图中可见芽孢和营养细胞之间以及不同细菌之间的耐热性差异很大。从图中还可以查找营养细胞(表 4-9(a))、微生物芽孢(表 4-9(b))和耐热霉菌(表 4-9(c))的多种不同食品的近似 D 值。

设计无菌加工的热加工工艺时, 最重要的是了解食品配方中耐热性最强的微生物种类、特定食品中的 D 值以及达到商业无菌食品所需的杀灭水平。这实质就是热加工工艺的"目标"。表 4-10 提供了根据食品 pH 对货架稳定食品进行热加工时常用的微生物目标的例子。目标微生物可能会是天然存在于原材料中的常见的微生物, 如高酸食品中的耐热菌, 或者替代微生物, 如产孢梭状芽孢杆菌 PA 3679, 用于模拟食品中预期存在的另一种致病微生物。

表 4-7 D 值和微生物失活的关系

对数灭活	灭活 D 值	致死率	灭活级
1 log	lD	90	10
2 log	$2D$	99	10^2
3 log	$3D$	99.9	10×10^3
4 log	$4D$	99.99	10×10^4
5 log	$5D$	99.999	10×10^5
10 log	$10D$	99.99999999	10^{10}
12 log	$12D$	99.9999999999	10^{12}

4.7.2 Z 值

Z 值采用不同的温度和时间组合,在一个热加工温度范围内计算等效热过程。它由热致死时间曲线斜率的负倒数确定,绘制成对数 D 值与不同加工温度的关系图(图 4-3)。Z 值的含义是 D 值变化 10 倍所需要的加工温度(℃)的变化。例如,假设 $Z=10$ ℃,并且 121 ℃下嗜热脂肪芽孢杆菌芽孢的 D 值为 330 s。如果加热温度升高 10 ℃至 131 ℃,D 值将降低 10 倍至 33 s。同样,如果加热温度降低 10 ℃至 111 ℃,D 值将增加至 3 300 s。表 4-9(a)、4-9(b)和 4-9(c)中还提供了不同食品系统中不同微生物的 Z 值。

表 4-8 部分芽孢形成菌和营养细胞的 D 值

微生物	加热介质	温度 / ℃	D 值 / min	参考文献
芽孢形成菌				
肉毒梭状芽孢杆菌芽孢	蟹肉	85	0.53	Lynt et al_1982
肉毒梭状芽孢杆菌芽孢	蘑菇泥	115.6	0.19	Odlaug et al. 1978
肉毒梭状芽孢杆菌芽孢	大米	115.6	0.55	Xezones and Hutchings 1965
肉毒梭状芽孢杆菌芽孢	通心粉	115.6	0.57	Xezones and Hutchings 1965
嗜热脂肪芽孢杆菌芽孢	水	120	16.7	Davies et al. 1977
嗜热脂肪芽孢杆菌芽孢	牛乳	120	7.8	Davies et al. 1977
嗜热脂肪芽孢杆菌芽孢	豆乳	131	0.09	Shih et al. 1982
嗜热脂肪芽孢杆菌芽孢	牛乳	121	2.4	Mayou and Jezeski 1977
凝固酶芽孢杆菌芽孢	奶油玉米	110	9	Feig and Stersky 1981
凝固酶芽孢杆菌芽孢	磷酸盐缓冲液	110	6.6	Feig and Stersky 1981
枯草芽孢杆菌芽孢	营养液	140	0.001	Srimani et al.1980
枯草芽孢杆菌芽孢	磷酸盐缓冲液	121	0.44~0.54	Odlaug et al. 1981

微生物	加热介质	温度 / ℃	D 值 / min	参考文献
芽孢形成菌				
产孢梭状芽孢杆菌 PA 3679 芽孢	磷酸盐缓冲液	121	2.6	Lynt et al. 1982
产孢梭状芽孢杆菌 PA 3679 芽孢	豌豆泥	121	3.1	Cameron et al. 1980
产孢梭状芽孢杆菌 PA 3679 芽孢	肉汤	121	0.3~1.1	Cameron et al. 1980
营养细胞				
单核细胞李斯特菌	牛乳	71.7	0.03	Bunning et al. 1986
森弗伦堡沙门氏菌	牛乳	71.7	0.02	Jay 2000
森弗伦堡沙门氏菌	巧克力乳	70	360~480	Jay 2000

表 4-9(a)　营养菌的相对耐热性

微生物	加热介质	D 值 / min				Z 值 / ℃
		70 ℃	65 ℃	60 ℃	55 ℃	
植物乳杆菌	大豆汤 +		4.7~8.1			12.5
	蔗糖(A_w = 0.95)					
	番茄汁(pH 4.5)	11.0			1~2	
荧光假单胞菌	营养琼脂					6.0
肠道沙门氏菌	脱脂牛乳			10.8		18.0
	磷酸缓冲液(0.1M, pH6.5)		0.29			
	巧克力乳	440				4.5
金黄色葡萄球菌	奶油冻或豌豆汤			7.8		

来源：Tomlins and Ordal 1976.

表 4-9(b)　细菌芽孢的耐热性

食品种类和微生物种类	D 值 / min		Z 值 / ℃
	121 ℃	100 ℃	
低酸食品(pH > 4.6)			
嗜热脂肪芽孢杆菌	4.0~4.5	3 000	7
热溶梭状芽孢杆菌	3.0~4.0		12~18
黑瘤脱硫菌	2.0~3.0		9~13
产孢梭状芽孢杆菌	0.1~1.5		
A 型和 B 型肉毒杆菌	0.1~0.2	50	10
产气荚膜梭状芽孢杆菌		0.3~20	10~30
地衣芽孢杆菌		13	6

食品种类和微生物种类	D 值 / min		Z 值 / ℃
	121 ℃	100 ℃	
枯草芽孢杆菌		11	7
蜡样芽孢杆菌		5	10
酸性和高酸食品（pH ＜ 4.6）			
凝固酶芽孢杆菌	0.01~0.1		
多粘菌芽孢杆菌		0.1~0.5	
布氏梭状芽孢杆菌		0.1~0.5	

来源：Stumbo and Purohit 1983；ICMSF 1980.

表 4-9(c)　从食品中分离出的霉菌的耐热性

霉菌	加热介质	耐热性	参考文献
黄丝衣霉（子囊芽孢）	葡萄糖 – 酒石酸, pH 3.6 葡萄汁, 糖度 26° Brix	90 ℃, 51 min, 失活 1 000 倍 85 ℃, 150 min, 失活 100 倍	Bayne and Michener 1976 King et al. 1969
青霉菌（子囊芽孢）	蓝莓汁	81 ℃, 10 min, 存活； 81 ℃, 15 min, 灭活；Z=5.7 ℃	Williams et al. 1941
青霉菌（闭囊菌属）	蓝莓汁	93.3 ℃, 9 min, 生长；93.3 ℃, 10 min, 灭活 Z=5.9 ℃	Williams et al. 1941
青霉菌（闭囊菌属）	苹果汁	90 ℃, 220 min, 灭活 Z= 11.7 ℃	Van der Spuy et al. 1974
	水果馅	D_{91}=2.9~5.4 min Z=5.2~12.9 ℃	Beuchat 1976
	苹果汁	$D_{90.6}$=1.4 min Z=5.3 ℃	Beuchat 1976
	苹果汁	D_{90}=2.2 min Z=5.2 ℃	Scott and Bernard 1987
紫色红曲霉（全培养）	葡萄汁	100 ℃存活数分钟	Hellinger 1960
棕黑腐质霉（衣原体芽孢）	水	80 ℃, 101 min, 失活 10 倍	Lubieniecki-von Schelhom 1973
瓶霉属（衣原体芽孢）	苹果汁	80 ℃, 2.3 min, 失活 10 倍	Jenson 1960
费希新萨托菌（子囊芽孢）	水	100 ℃, 60 min, 存活	Kavanagh et al. 1963
	水果馅	D_{91}=2.0 min; D_{88}=4.2~16.2 min z=5.4 ℃	Beuchat 1976
	苹果汁	87.8 ℃, 1.4 min; z=5.6 ℃	Scott and Bernard 1987
费希新萨托菌（子囊芽孢）	水 葡萄汁	90 ℃, 60 min, 存活 85 ℃, 10 min, 10% 存活	McEvoy and Stuart 1970 Splittstoesser; 1977
金丝桃热子囊菌属（全培养）	葡萄汁	88 ℃, 60 min, 存活	King et al. 1979

来源：APHA 1984.

表 4-10　货架稳定食品热加工目标微生物

食品和饮料 pH	目标微生物
>4.6	产孢梭状芽孢杆菌 PA 3679 嗜热杆菌 凝固酶芽孢杆菌
3.7~4.6	软化芽孢杆菌
<3.7	在产品中生长的最耐热、最耐酸的细菌、细菌芽孢、酵母或霉菌（例如纯黄丝衣霉）

　　表 4-11 有助于更清晰地了解 Z 值计算的实际概念。此表用来计算巴氏杀菌牛乳在各加热温度下不同的等热处理 Z 值。对于所有的温度和时间条件，微生物灭活的水平是一致的。

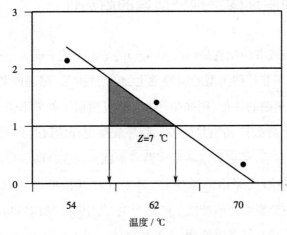

图 4-3　热致死曲线计算 Z 值

表 4-11　A 级牛乳的等价巴氏杀菌的温度和时间

温度 / ℃	时间 / s
63	1 800
72	15
89	1.0
90	0.5
94	0.1
96	0.05
100	0.01

来源：FDA 2007.

4.7.3　F_0 值

F 值称为杀菌值,指的是给定食品在参考的温度和 Z 值下杀灭一定数量的微生物所需要的时间。当参考的温度是 121.1 ℃ 及 Z 值 =10 ℃ 时, F 值则称为 F_0 值。由于影响因素各不相同,例如食品中灭活芽孢的影响,不同的食品有不同的 F 值,然而有时,例如对于新的食品配方,可能要进行额外的热加工研究来确定目标生物体和芽孢的 D 值和 Z 值以及适当的 F 值。如果没有特定配方的热加工数据,产品加工机构将采用保守的 F_0 来保证食品安全。

4.8　无菌果汁中脂环酸芽孢杆菌属的耐热性

通常情况下,高酸或者酸化食品(pH ≤ 4.6)的杀菌工艺不能杀灭所有的细菌芽孢。虽然热加工工艺可以破坏非芽孢类型的腐败微生物,例如酵母、霉菌或者乳酸菌,但是热加工不能去除某些特定耐热菌的芽孢,例如脂环酸芽孢杆菌属。如果杀菌工艺要求去除脂环酸芽孢杆菌属芽孢,则会导致产品质量变差。脂环酸芽孢杆菌属受到关注,其芽孢的耐热性强,在 85~125 ℃ 之间存活,芽孢可以转变成营养细胞并且在高酸的食品中生长。脂环酸芽孢杆菌是一种嗜酸性形成芽孢的微生物,是果汁和其他酸性饮料关注的问题微生物(NFPA, 1999)。其主要腐败变质特性是产品产生 "药用" 或 "酚类" 物质或异味。受影响的果汁可能看起来正常,或有轻微沉淀物,不产生气体。表 4-12 提供了一些研究的信息,这些研究评估了在果汁中发现的一种非常耐热类型脂环酸芽孢杆菌(酸土脂环酸芽孢杆菌)的耐热性。由于用于果汁的热加工可能不会破坏芽孢,因此必须尽可能减少来自原料和加工环境的微生物。

4.9　含颗粒食品的热加工条件

无菌系统适用于能够以恒定速率泵送的食品加工体系,如液体加工。近年来,人们对含颗粒食品热加工的进展产生了极大的兴趣和争议。颗粒物引起了一些有趣的问题,这些问题涉及均匀混合的保持、确保在产品加热过程中均匀的热分布以及保持管中的保留时间(Drennan 1988;Dignan et al. 1989)。因此,FDA 要求制定颗粒食品的温度 - 时间曲线,以确保商业无菌性。

Dignan 等（1989）和 Pflug 等（1990）报告了建立含颗粒食品的可靠无菌工艺的最低要求包括：①使用杀菌管道数据测定灭菌值；②建立预测杀菌管道中"最慢移动颗粒"的灭菌值的方法；③测定最耐热的微生物杀灭能力；④确定和监测系统的关键因素。

用来研究食品颗粒中的加热特性和微生物失活的几种方法包括：①生物指标；②接种颗粒；③模拟颗粒；④化学指标。在生物指标系统中，微生物细胞或芽孢被放置在玻璃管或金属管的载体内，载体位于食品颗粒的几何中心。利用该系统，可以在最慢加热区域获得目标微生物的微生物失活率（D 值）。接种颗粒方法包括用微生物细胞或芽孢直接接种颗粒，然后通过无菌系统加热和冷却。模拟粒子用于研究食品微粒的微生物失活，海藻酸钠凝胶模拟食品颗粒已经用于研究无菌加工中芽孢的灭活（FPI 1993）。

一些食品原料对热敏感，可以进行其他加工，使其商业无菌。通过膜过滤器可以从液体中去除微生物（Banwart 1989；Brock 1983）。这项技术用于液体，如啤酒、葡萄酒、果汁糖浆和香精的加工以保持其质量，避免受到加热的影响。膜过滤器的孔径范围为 0.1~0.45 μm，可有效去除微生物。在使用膜式过滤器之前，必须对其进行预消毒，避免在过滤器出口侧产生污染。通常结合热、γ 辐照和 / 或环氧乙烷完成膜灭菌（FPI 1993）。

4.10　设备、加工环境和包装的加工

在无菌系统中，加工与包装系统的大多数组成部分和包装材料本身必须达到商业无菌水平，然后才能进行灌装操作，即将商业无菌食品填充到无菌包装。填充前，需要对设备表面、加工环境和包装表面使用化学和 / 或热、辐照等物理方法灭菌。

表 4-12　果汁中耐热酸土脂环酸芽孢杆菌的 D 值和 Z 值

果汁类型	温度 / ℃	D 值 / min	Z 值 / ℃	参考文献
苹果汁（11.4° Brix，pH 3.5）	85	56	7.7	Splittstoesser et al. 1994
	90	23		
	95	2.8		
苹果汁（pH 3.5）	80	41	12.2	Komitopoulou et al. 1999
	90	7.4		
	95	2.3		
苹果汁（澄清） 浆果汁	95	2.2~3.3	6.4~7.5	Previdi et al. 1997
	88	11	7.2	McIntyre et al. 1995
	91	3.8		
	95	1.0		

果汁类型	温度 / ℃	D 值 / min	Z 值 / ℃	参考文献
葡萄汁（15.8° Brix，pH 3.5）	85	57	7.2	Splittstoesser et al. 1994
	90	16		
	95	2.4		
葡萄柚汁（pH 3.4）	80	37.9	11.6	Komitopoulou et al. 1999
	90	6.0		
	95	1.8		
橙汁	85	50	7.9	Eiroa et al. 1999
	90	17		
	95	2.7		
橙汁（11.7° Brix，pH 3.5）	85	65.6	7.8	Silva et al. 1999
	91	11.9		
橙汁	110	3.9	7	Palop et al. 2000
	125	0.03		
橙汁饮料（5.3° Brix，pH 4.1）	95	5.3	NR	Baumhart and Schmidt 1997
橙汁（pH 3.9）	80	54.3	12.9	Komitopoulou et al. 1999
	90	10.3		
	95	3.6		

4.10.1　加工设备消毒

　　无菌加工系统中使用的所有加工设备都需要进行清洗和消毒，正在加工的产品类型和设备制造商对无菌加工系统设备的建议决定清洗和消毒的频率。"消毒"是一个术语，通常用于描述清洗后再进行卫生处理的过程（图 4-4）。

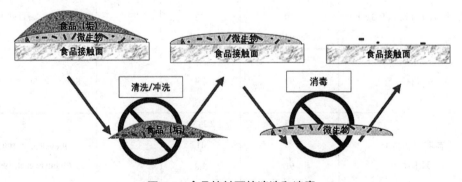

图 4-4　食品接触面的清洗和消毒

消毒通常是一个 4~5 步的过程,包括:①预清洗步骤,去除容易去除的食品残渣;②清洗步骤,去除其他预清洗未去除的食品残渣;③水冲洗,去除食品残渣和清洗剂;④使用热加工或化学物质的消毒步骤;⑤最后水冲洗步骤,去除化学消毒剂,这通常是一个可选步骤,因为许多化学消毒剂不需要最后的水冲洗(Marriott and Gravani, 2006)。

有 3 种主要的方法可以用来清洗表面。①手工清洗是需要人工最多的方法,需要拆卸设备进行清洗和检查;②离线清洗(COP)方法,通常采用清洗剂结合擦洗/喷洗等机械能,清除非常难以清除的食品残渣。设备需要部分拆卸,并在专用的 COP 压力罐内对设备进清洗;③原位清洗(CIP)方法,在无菌加工中常见的 CIP 系统不需要拆卸或少量拆卸设备(SchmiDt, 2009a)。CIP 系统具有 3 个使表面获得充分清洗的要素:热能、清洗剂的化学能和机械力的动能。通过清洗剂浓度、接触时间、流量、压力和温度优化 CIP 系统。通常由固定的喷射装置、自旋转装置或自涡轮装置控制动能(Marriott and Gravani, 2006)。

高度自动化的 CIP 系统使操作人员不直接接触热量或化学品,清洗通常更加有效、一致和安全。CIP 系统有许多优点,包括结果可重复,缩短清洗时间,减少化学处理,节约成本和设备。而且,由于人们不直接接触清洗过程,因此通常可以使用更有效的化学品和更高的温度。如果处理得当,不论何种清洗方法都应该去除食品残渣和表面 90% 的微生物。

有多种化学清洗剂可供使用。2 种最常见的清洗剂是酸性清洗剂和碱性清洗剂。酸性清洗剂有机酸,如羟基乙酸、柠檬酸和葡萄糖酸;和无机酸,如磷酸、硝酸、磺胺酸、硫酸钠和盐酸。通常可以有效去除铝、镁等矿物沉积物。碱性清洗剂包括氢氧化钠或氢氧化钾,常见于 CIP 系统和洗瓶系统。酶也可用作清洗剂,它可以有效降解碳水化合物、蛋白质和脂类。酶对环境更友好,但它们通常需要更多的时间来有效地分解和清除表面的食品残渣。所有类型的清洗剂都应该具有如下特性:快速完全溶于水,对金属无腐蚀性,无毒,易于冲洗,经济,化学稳定性好和无腐蚀(Marriott and Gravani 2006; Schmidt 2009a, 2009b)。

在清洗步骤和冲洗程序完成后,可以进行表面消毒。消毒的目的是进一步减少表面微生物。使用消毒剂通常对于食品接触面的微生物取得减少 $\geq 5D$($\geq 100\ 000$ 倍)的杀灭效果。对于非食品接触面上的微生物减少 $\geq 3D$($\geq 1\ 000$ 倍)的杀灭效果。(Marriott and Gravani, 2006)。

这两类消毒剂分别是热消毒剂和化学消毒剂。热消毒剂使用热水或蒸汽(温度和接触时间),化学消毒剂使用浓度和接触时间来减少微生物。加热仍然是最常用的消毒方法。热是廉价的,它能杀死所有的微生物,对设备没有腐蚀性。然而,加热是一种相对缓慢的方法,会损坏设备和垫圈,并可能导致人员的安全问题。

食品工业中使用多种化学消毒剂,每种消毒剂都有一些优点和缺点。目前在无菌系统中最常使用的化学消毒剂是"免冲洗消毒剂",在设定浓度水平使用后无须冲洗。这些消毒剂包括氯基消毒剂、碘伏、季铵化合物、酸性阴离子消毒剂、羧酸消毒剂、过氧化氢和过氧酸化合物以及酚类化合物（Marriott and Gravani 2006；Schmidt 2009a，2009b）。

表4-13列举了常用化学消毒剂的优缺点。理想的消毒剂具有如下特征：对许多不同类型的微生物有效，快速有效破坏微生物，易制备和溶于水，稳定，耐食品残渣和硬水，环境兼容，无毒，无腐蚀性，经济，使用安全。

根据食品成分和食品加工过程中使用的温度条件，清洗和消毒方案有很大不同。设计方案的专家小组应具有清洗和消毒专业知识、加工系统知识和食品成分知识。通常，加工商与提供化学清洁和消毒剂的公司协商后制定清洗和消毒程序。用于无菌加工饮料的典型CIP方案见表4-14。

表 4-13　常用化学消毒剂比较

	氯	碘伏	季铵化合物	过氧化物
腐蚀性	+++	+	-	+
皮肤刺激性	+++	-	-	-
中性 pH	+++	+	++	+++
酸性 pH	+++	+++	-	+
碱性 pH	-	-	++	+
受有机物影响	+++	++	++	+
受硬水影响	-	-	++++	-
使用周期	-	-	++++	
成本	+	+++	++	++
稳定性	+	++	++++	++
水平	< 200 mg/kg	< 25 mg/kg	< 200 mg/kg	100~200 mg/kg

注：- = 无影响；+ = 影响小；++ = 影响居中；+++ = 影响大

来源：Schmidt 2009a.

为正确使用和应用化学品，有关部门制定了相应的法规。企业必须在美国环境保护局（EPA）完成用于食品和食品接触表面以及非产品接触表面的化学消毒剂和抗菌剂的注册。FDA主要参与评估可能进入食品供应的消毒剂残留。因此，任何直接用于食品或食品接触表面的抗菌剂及其最大使用水平必须经FDA批准。经批准的无冲洗食品接触消毒剂和非产品接触消毒剂，其配方和使用量见21 CFR 178 1010（CFR 2009C）。

表 4-14　无菌饮料的清洗和消毒规程事例

步骤	条件
预冲洗	常温水最少冲洗 3 min
清洗	在特定的碱液浓度及温度(49~74 ℃)下清洗至少 3 min,碱浓度在 CIP 回水处测定
冲洗	常温水冲洗最少 3 min
消毒	CIP 回水处碘伏浓度达 12.5~25 mg/kg 及温度 15.5~43.5 ℃时,至少保持 5 min
后冲洗	常温水冲洗最少 5 min

4.10.2　加工设备和包装杀菌

在设备清洗和消毒后,必须在灌装前将无菌系统的某些部分处理为商业无菌状态。从杀菌管道(杀菌器)开始到灌装操作结束之间的设备都要进行杀菌。在使用无菌缓冲罐之前,必须对其进行预杀菌。最常用的杀菌方法是使用蒸汽或热水(用于灌装设备)和过氧化氢组合一起,或其他合适的化学消毒剂。无菌成型、灌装和封闭 / 密封区域称为“无菌区”适用于喷雾杀菌形式。

过氧化氢是一种强氧化剂,可快速杀死微生物,使表面商业无菌(Marriot and Gravani, 2006)。当在无菌系统中使用过氧化氢时,与热联合使用,从而协同杀灭微生物。最近,FDA 批准过氧乙酸(PAA)作为一种化学消毒剂用于灌装低酸食品的包装系统。PAA 将过氧化氢的强氧化能力与乙酸结合在一起。这些活性成分协同作用,可以有效和快速地杀死设备和食品包装表面的目标微生物。当使用过氧化氢溶液作为水性杀菌剂时,使用量不超过 35%(按质量计)。当使用任何含有过氧化氢的杀菌剂时,根据生产条件下灌装的蒸馏水进行测定,食品接触面上的残留量不超过 0.5 mg/kg(CFR 2009C)。

食品包装本身也必须在填充前通过加热、化学消毒剂和 / 或辐照达到商业无菌状态。本章已经介绍了热加工和化学处理的方式。γ 辐照和电子束辐照也可用于包装材料的消毒。辐照是将食品置于电离辐照中破坏表面微生物的过程。辐照是利用电离辐射破坏微生物 DNA,导致微生物死亡。某些包装材料难以通过加热或化学方法进行消毒,包装材料制造商采用辐照进行商业消毒。辐照通常用于箱中袋或桶中袋。

目前,美国有多种用于高酸、酸化和低酸食品的无菌灌装和包装系统。一般来说,可以归为 6 个主要类别:①金属容器和瓶盖经过商业无菌处理和填充,并使用过热蒸汽作为消毒介质进行杀菌;②卷筒纸使用过氧化氢基消毒剂和加热进行商业无菌处理;③预成型或部分成型的纸板使用过氧化氢基消毒剂和加热进行商业无菌处理;④预成型塑料杯也使用过氧化物基的消毒剂和热进行消毒;⑤热成型填充密封系统使用过氧化物的消毒剂和热量、共挤热或饱和蒸汽进行消毒;⑥袋装系统使用经 γ 辐照预消毒的容器(FDA 2005)。

4.11　加工过程和包装体系的商业无菌验证

商业无菌确认是系统验证的重要组成部分。表 4-15 提供了使用各种灭菌方法(包括加热、化学药品和辐照)验证商业无菌的目标微生物。

表 4-15　设备和包装表面商业无菌验证的目标微生物

杀菌方法	目标微生物	参考文献
饱和蒸汽	嗜热脂肪芽孢杆菌	Bernard 1983
过热蒸汽	产孢梭状芽孢杆菌	Bernard 1983
干热	嗜热脂肪芽孢杆菌 No. 1518 多粘菌芽孢杆菌	Bernard 1983
生成热	嗜热脂肪芽孢杆菌 No. 1518 嗜热脂肪芽孢杆菌 No. 1518	Hoiier 1984
过氧化氢 + 紫外线	枯草芽孢杆菌 A 菌株	Bernard 1983
γ 辐照	短小芽孢杆菌	Bernard 1983
紫外线	枯草芽孢杆菌	Bernard 1983
过氧乙酸	枯草芽孢杆菌 SA 22	Leaper 1984
饱和蒸汽	嗜热脂肪芽孢杆菌	Bernard 1983

来源:FPI 1993.

这些目标生物可接种在加工系统内或包装材料表面,以验证达到商业无菌。芽孢“条带”或芽孢“安瓿瓶”是验证这些表面商业无菌性的常用方法。微生物测试安瓿瓶或试纸条(图 4-5(a)和 4-5(b))将已知水平的芽孢放在液体微生物培养基或试纸条上,然后将它们放置在待验证区域进行灭菌。灭菌过程结束后,将液体安瓿瓶中的液体或试纸条放入液体微生物培养基中进行培养。如果目标微生物没有被破坏,则会在液体培养基中生长并显示浑浊和黄色,如果微生物是产酸菌,显示如图 4-5(a)中的浅色,表明没有达到商业无菌。但是,如果目标微生物被破坏,则不会在液体微生物培养基中生长(如图 4-5(a)所示为深色),表明达到了商业无菌。芽孢安瓿瓶和芽孢试纸条根据用途,含有特定水平的耐热芽孢,通常使用 10^3 到 10^6 个芽孢。商业无菌处理后,必须杀灭试纸条上或安瓿瓶中的所有芽孢。如图 4-5(c)所示,可以使用器械在加工设备和管道中放置芽孢试纸条。

图 4-5(a)　微生物测试安瓿瓶　　图 4-5(b)　微生物测试纸条　　图 4-5(c)　商业灭菌工艺验证设备
管道内使用的芽孢条和输送器

　　无菌加工环境中的空气也可能是微生物污染的潜在来源。空气中的微生物可能来自操作人员、动植物原材料、灰尘和污垢、设备和包装材料(如纸板)。有几种方法可以从空气中去除或消灭微生物。使用高效微粒空气过滤器(HEPAF)过滤、紫外线(UV)处理以及用热加工灭活等,是无菌加工环境中控制微生物的一些更常见的方法。

　　由于商业无菌产品可能受到污染,因此在灌装区或无菌区控制空气污染是非常重要的。为了保持商业无菌环境,无菌区要保持正压力。HEPA 过滤器用于过滤空气。HEPA 过滤器(0.2 μm)设计用于创建 100 级洁净室(空气中,粒径为 ≥ 0.5 μm 的颗粒 ≤ 3 530 个 /m³)。孔径和“曲折的通道”的结合确保了 HEPAF 系统时去除微粒和微生物。

　　定期对空气进行采样,以确保环境无菌,这是系统验证的关键步骤。可以使用多种方法,包括使用微生物空气采样器(狭缝采样器、筛子采样器、冲击采样器或液体冲击采样器),使用系统将空气收集到微生物生长系统中。空气取样的频率将取决于所用的加工系统、产品和包装。

　　紫外线也可以用来破坏微生物。与微生物细胞接触的紫外线会破坏微生物的 DNA,导致它们死亡。紫外线通常应用于在容易出现空气污染的特定区域,如储罐、充填机和 CIP 单元(Palmer 1984)。

4.12　微生物挑战测试

　　无论采用何种方法,加工公司都必须为其包装系统提交一份计划流程,包括关于启动前使系统达到商业无菌所涉及的关键因素的补充信息,在 FDA 报表 2541C “食品罐头生产无菌包装系统的过程文件” 中提供这些信息。此外,该公司必须有来自过程权威部门的信函或其他文件,以支持计划流程。表 4-16 中提供了有助于建立计划流程的挑战测试建议。

表 4-16　环境、设备和包装材料的挑战测试

区域	目标微生物	挑战时间
工厂	湿芽孢杆菌芽孢	清洗和消毒期间
连接处和阀门	空气中微生物营养细胞	操作期间
灌装	快速生长微生物	表面处理
空气和环境	微生物营养细胞（干燥和在空气）中	加工过程之前或加工过程中
包装材料	干芽孢杆菌芽孢	杀菌之前

来源：Ahvenainen 1988；FPJ 1993

4.13　低酸和酸化食品法规

　　以下两类货架稳定食品需要进行热加工监控、文件和记录。低酸食品是指 pH>4.6，水活度 >0.85 的食品。21 CFR 113 规定了低酸食品的要求。低酸食品的例子包括液态乳、炖牛肉和多种汤。低酸食品需要相对较高的热加工温度，以达到商业无菌。21 CFR 114 规定了酸化食品的要求。酸化食品是添加了酸的低酸食品，因此，pH ≤ 4.6。与低酸食品相比，酸化食品可以使用更低的温度使食品达到商业无菌。酸化食品的例子包括酸甜菜和酸化冰茶。虽然根据规定，天然 pH<4.6 的食品，如水果饮料或 A_w<0.85 的食品，如酱油，不需要进行热加工，但其他许多食品仍然需要进行热加工，以生产商业无菌、高质量的产品。

　　根据 21 CFR 113 和 21 CFR 114 的规定，食品加工商需要提供特定于加工系统、包装系统和所用食品材料的计划流程。制订计划流程是为了实现和保证公共健康危害菌不能在食品生长。计划流程规定了食品、无菌系统和包装系统的"关键因素"，并且必须控制这些因素，以确保食品的安全生产。必须为每个关键因素设定限值，并且必须进行监测，以确保测量值处于设定的容许范围内。无菌食品工艺中常见关键因素包括卫生系统、系统预灭菌、食品配方和产品流速。必须由具有资质"流程权威"人员制订计划流程。权威人员通过适当的培训和无菌食品加工经验获得专业知识。在食品生产过程中，必须遵循计划流程，并且必须监测关键因素（CFR 2009a，2009d）。

4.14　食品安全和食品质量管理体系

　　低酸、酸化食品热加工的重点是保证食品安全生产。热加工是整个食品安全和食品质

量管理体系中的一个重要组成部分,但是,还有许多其他组成部分必须重视并进行监控,以确保生产安全和高质量食品。

世界上最广泛采用的食品安全程序是危害分析关键控制点(HACCP)体系。使用HACCP 方法,目的是了解哪些类型的危害会进入到加工流程中,以及如何最大限度地消除或控制已识别的危害。HACCP 计划是通过首先描述食品配方中的原料,然后使用食品流程图描述食品加工过程来制订的。随后,进行以下 7 个过程:①进行危害分析;②确定食品过程中的关键控制点(CCPs);③确定每个 CCP 的关键限值;④确定 CCP 监控要求;⑤制定在不满足 CCP 限值时的纠正措施;⑥制定程序,用于验证 HACCP 系统是否正常工作;⑦建立记录保存程序。由一个由食品安全专家、质量保证、质量控制、管理、原料采购、生产线工人和外部顾问组成的团队制订 HACCP 计划(Pierson and Corlett 1992)。

加拿大食品检验局(2009)为无菌苹果汁创建了一个通用的 HACCP 模型。如图 4-6(a)所示为产品描述示例,如图 4-6(b)所示为含 CCP 的 HACCP 食品流程图。

HACCP 计划危害识别和控制的制定是针对食品配方和产生终产品的食品加工过程。在无菌加工中,危害控制不仅限于食品,还必须扩展到加工设备、加工环境和食品包装系统。

产品名称描述:无菌果汁	
1.产品名称	复原浓缩苹果汁
2.产品主要特征(Aw、pH、盐、防腐剂等)	$Aw= 0.97$, pH = 3.6~4.5 无防腐剂,添加抗坏血酸
3.使用方法	即饮
4.包装	密封利乐砖层压纸板(塑料、铝箔、纸板)
5.保质期	在 ≤ 20 ℃,常温 10 个月
6.售卖地点	通过零售、餐馆、酒店等渠道销售产品,消费者包括敏感人群,如免疫不全的婴儿和老人
7.标签指导	开封后冷藏 没有安全要求
8.特殊的分销控制	在 5~20 ℃ 储藏和分销 合适的储藏控制

图 4-6(a)　无菌果汁产品描述(CFIA 2009)

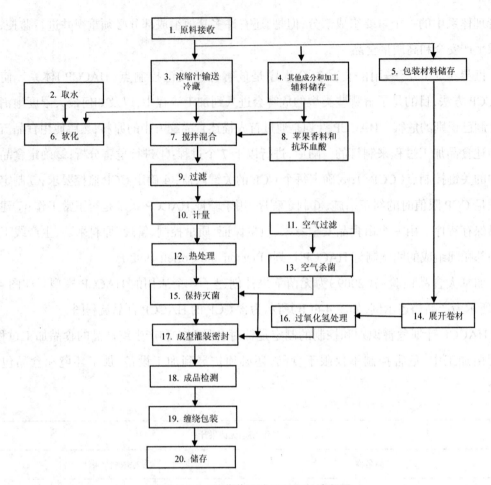

图 4-6(b)　无菌苹果汁 HACCP 流程图

　　在有效实施 HACCP 计划之前,许多食品安全和食品质量管理计划是 HACCP 计划有效开展的基础。GMP 是确保整个卫生合规食品生产所必需的最低的卫生和加工要求。所有食品加工商都需要遵守这些要求, 21 CFR 110 规定了以下要求:①人员;②建筑和设施;③设备和器具;④生产和工艺控制(CFR 2009B)。在某种程度上, GMP 用来防止微生物污染。常见的 GMP 包括有效洗手和卫生程序的说明。为了防止微生物污染,还要制定解决以下问题的方案:①水的安全性;②食品接触面的清洁度;③防止交叉污染;④洗手设施的维护;⑤防止食品掺假;⑥标签、储存及有毒化合物的使用;⑦员工健康状况的控制;⑧害虫防治(CFR 2009B)。

　　原料控制是有效的食品安全和食品质量管理计划的另一个重要组成部分。一个热加工过程的设计仅仅可以破坏有限数量的配方中原料带入的微生物。必须为每种原料确定微生物标准,同时必须制定相应的规定,以确保在原料储存和工艺流程中,微生物不能繁殖超过标准。从微生物的角度来看,无菌加工食品具有良好的历史。据记载,只有两起与无菌加工食品有关的事件爆发,均涉及金黄色葡萄球菌毒素。一次事件爆发在德国的超高温(UHT)牛乳中,其中 40 人患病(匿名, 1979),二次事件爆发来自超高温加工的香草奶油冻(Becker et al. 1980)。两次微生物来源都可能是人员接触。食品变质更为常见,并归因于许多因素,包括劣质原材料、受污染的设备、受污染的包装材料和容器密封不严。还应明确指出,只有在食品安全和食品质量管理计划有效运行时,热加工流程才有效。如果食品安全和食品质量管理计划失败,食品很可能会存在质量问题。

参考文献

Ababouch, L., and F. F. Busta. 1987. Effect of thermal treatments in oils on bacterial spore survival. *J. Appl. Bacteriol.* 62:491.

Ahvenainen, R. 1988. Quality assurance and quality control of aseptic packaging. *Food Rev. Int.* 4:45.

American Public Heath Association(APHA). 1984. *Compendium of Methods for the Microbiological Examination of Foods.* 2nd ed. Washington, D.C.: American Public Health Association.

Anderson, A.W., H. C. Nordan, R. F. Cain, G. Parnish, and D. Duggan. 1956. Studies on a radioresistant micrococcus. I. The isolation, morphology, cultural characteristics and resistance to gamma radiation. *J. Food Technol.* 10:575.

Anderson, J. G., and J. E. Smith. 1976. Effects of temperature on filamentous fungi. In *Inhibition and inactivation of vegetative microbes*, ed. F. A. Skinner and W. B. Hugo, 191-218. London: Academic Press.

Anonymous. 1979. Staphylokokken waren die urasche fur die H-Milch-Vergiftund. *Deutsche Milchwirtschaft* 30; 1600.

Banwart, G. 1989. *Basic food microbiology.* 2nd ed. New York: AVI/ Van Nostrand Reinhold.

Baumgart J., M. Husemann, and C. Schmidt. 1997. *Alicyclobacillus acidoterrestris*: Vorkommen, Bedeutung und Nachweis in Getranken und Get- rankegrundstoffen. *Fluss. Obst.* 64: 178.

Baxter, R. M., and N. E. Gibbons. 1962. Observations on the physiology of psychrophilism in yeast. *Can. J. Microbiol.* 8:511.

Bayne, H. G., and H. D. Michener. 1976. Heat resistance of Byssochlamys ascospores. *Appl. and Environ. Microbiol.* 37:449.

Beckers, H. J., R. A. Coutinho, J. T. Jansen, and W. J. van Leeuwen. 1980. Staphylococcal food poisoning by consumption of sterilized vanilla custard. *Antonie van Leewenhoek* 46:224.

Bernard, D. 1983. Microbiological considerations of testing aseptic process and packaging systems. In *Proceedings of National Food Processors Association conference entitled Capitalizing on Aseptic*, 13-14. Washington, D.C.: FPL

Beuchat, L. R. 1976. Extraordinary heat resistance of *Talaromyces flavus* and *Neosartoryci fischeri* ascospores in fruit products. *J. Food Sci.* 51:1506.

Brock, T. D. 1983. *Membrane Filtration: A User's Guide and Reference Manual*. Madison, Wisc.: Science Tech.

Brown, K. L., and C. A. Ayres. 1982. Thermobacteriology of UHT processed foods. *Dev. Food Microbiol.* 1:119.

Bunning V. K., R. G. Crawford, J. G. Bradshaw, J.T. Peeler, J. T. Tierney, and R. M. Twedt. 1986. Thermal resistance of intracellular *Listeria monocytogenes* cells suspended in raw bovine milk. *Appl. Environ. Microbiol.* 52:1398-1402.

Cameron, M. S., S. J. Leonard, and E. L. Barrett. 1980. Effect of moderately acidic pH on heat resistance of *Clostridium sporogenes* spores in phosphate buffer and in buffered pea puree. *Appl. Environ. Microbiol.* 39:943.

Canadian Food Inspection Agency (CFIA). 2009. HACCP generic model: Aseptic fruit juice, http:// www.inspection.gc.ca/english/fssa/polstrat/haccp/ juijus/juijusl e.shtml/.

Cheftel, J. C. 1992. Effects of high hydrostatic pressure on food constituents: An overview. In *High Pressure and Biotechnology*, ed. C. Balny, R. Hayashi, K. Heremans, and P. Masson, 195-209. London: John Libbey.

Clavero, M. R. S., L. R. Beuchat, and M. P. Doyle. 1998. Thermal inactivation of *Escherichia coli* 0157: H7 isolated from ground beef and bovine feces, and suitability of media for enumeration. *J. Food Prot.* 61:285.

Clavero, M. R. S., J. D. Monk, L. R. Beuchat, M. P. Doyle, and R. E. Brackett. 1994. Inactivation of *Escherichia coli* OI57: H7, *Salmonellae* and *Campylobacter jejuni* in raw ground beef by gamma irradiation. *Appl. Environ, Microbiol.* 60:2069.

Code of Federal Regulation (CFR). 2009a. Acidified Foods. 21 CFR 114.

Code of Federal Regulation (CFR). 2009b. Current Good Manufacturing Practice in Manufacturing, Packing, or Holding Human Food. 21 CFR 110.

Code of Federal Regulation (CFR). 2009c, Sanitizing Solutions. 21 CFR 178.

Code of Fedral Regulation (CFR). 2009d. Thermally processed low-acid foods packaged in hermetically sealed containers. 21 CFR 113.

Condon, S., and F. J. Sala. 1992. Heat resistance of *Bacillus subtilis* in buffer and foods of different pH. *J. Food Prot.* 55:605.

Davies, A.D, 1995. Advances in modified atmosphere packaging. In *New Methods of Food Preservation*, ed. G. W. Gould, 301-320. Glasgow: Blackie Academic & Professional.

Davies, F. L., H. M. Underwood, A. G. Perkin, and H. Burton. 1977. Thermal death kinetics of *Bacillus stearothermophilus* spores at ultrahigh temperatures. I. Laboratory determination of temperature coefficients. *J. Food Technol.* 12:115.

Davies, R. 1976. The inactivation of vegetative bacterial cells by ionizing radiation. In *Inhibition and Inactivation of Vegetative Microbes*, ed. F. A. Skinner and W. B. Hugo, 239-255. London: Academic Press.

Dignan, D. M., M. R. Berry, I. J. Pflug, and T. D. Gardine. 1989. Safety considerations in establishing aseptic processes for low-acid foods containing particulates. *J. Food Technol.* 43 (3):118.

Doyle, M. P., L. R. Beuchat, and T. J. Montville, eds. 2001. *Food microbiology. Fundamentals and frontiers*. 2nd ed. Washington, D.C.: ASM Press.

Drennan, W. C. 1988 Aseptic processing: Poised for particulates. *Food Engr.* 60(3): 83.

Eiora, M., V. Junqueira, and F. Schmidt. 1999. *Aiicyclobacillus* in orange juice: Occurrence and heat resistance of spores. *J. Food Prot.* 62:883.

Ellenberg, L., and D. G. Hoover. 1999. Injury and survival of *Aeromonas hydrophila* 7965 and *Yersinia enterocolitica* 9610 from high hydrostatic pressure. *J. Food Safety* 19:263.

Farkas, J. 1988. *Irradiation of dry food ingredients*. Boca Raton, Fla.: CRC Press.

Feig, S., and A. K. Stersky. 1981. Characterization of a heat-resistance strain of *Bacillus coagulans* isolated from cream style canned com. *J. Food Sci.* 46:135.

Fenice, M., R. Di Giambattista, J-L. Leuba, and F. Federici. 1999. Inactivation of *Mucor plumbeus* by combined actions of chitinase and high hydrostatic pressure, *Int. J. Food Microbiol*, 52:109.

Finne, G., and J. R. Matches. 1976. Spin-labeling studies on the lipids of psychrophilic, psychrotropic, and mesophilic Clostridia. *J. Bacteriol.* 125:211.

Food and Drug Administration (FDA). 2005. Aseptic processing and packaging for the food industry. Washington, D.C. http://www.fda.gov/ICECI/ Inspections /InspectionGuides / ucm074946.htm/.

Food and Drug Administration (FDA). 2007. Grade "A" pasteurized milk ordinance. U.S. Public Health Service Publication.

Food and Drug Administration (FDA). 2009. *Bacteriological analytical manual.* Washington, D.C. http://www.fda.gov/Food/ScienceResearch/LaboratoryMethods/BacteriologicalAnalyticalManualBAM/default.htm/.

Food Processors Institute (FPI). 1993. Principles of aseptic processing and packaging. Washington, D.C.: FPI.

Food Products Association (FPA). 2006. *Canned foods: Principles of thermal process control, acidification, and containers closure evaluation.* 7th ed. Washington, DC.: FPA.

Gaze, J. E., and K. L. Brown. 1988. The heat resistance of spores of *Clostridium botulinum* 213B over the temperature range 120 to 140℃. *Int. J. Food Sci. Technol.* 23:373.

Grocery Manufacturers Association Science and Education Foundation (GMASEF). 2007. *Canned Foods: Principles of Thermal Process Control, Acidification and Container Closure Evaluation* 7th *edition.* Editors: Weddig, L. M., Balestrini, C. G., Shafer, B. D. GMASEF: Washington DC. 216 p.

Hellinger, E. 1960. The spoilage of bottled grape juice by *Monascus purpureus* Went. Ann. Inst. Pasteur Lille. 11:183.

Honer, C. 1984. Another milestone in aseptic packaging. *Diary Rec.* 85:105.

International Commission on Microbiological Specifications for Foods (ICMSF). 1980. *Microbial Ecology of Foods*, vol. 1, *Factors Affecting Life and Death of Microorganisms*. New York: Academic Press.

Jay, James M. 2000. *Modern food microbiology.* 6th ed. Gaithersburg, Md.: Aspen.

Jensen, M. 1960. Experiments on the inhibition of some thermoresistant moulds in fruit juices. *Went. Ann. Inst* Pasteur Lille. 11:179.

Kavanagh, J., N. Larchet, and M. Stuart. 1963. Occurrence of a heat-resistant species of *Aspergillus* in canned strawberries. *Nature* 198:1322.

King, A. D., H. G. Bayne, and G. Alderton. 1979. Nonlogarithmic death rate calculations for *Byssochlamys fulva* and other microorganisms. *Appl. Environ. Microbiol.* 37:596.

King, A. D., H. D. Michener, and K. A. Ito. 1969. Control of *Byssochlamys* and related heat-resistant fungi in grape products. *Applied Microbiology.* 18:166.

Komitopoulou, E., I. S. Boziaris, E. A. Davies, J. Delves-Broughton, and M. R. Adams. 1999. *Alicyclobacillus acidoierreslris* in fruit juices and its control by nisin. *Int. J. Food Sci. and Tech.* 34:81.

Leaper, S. 1984. Influence of temperature on the synergistic sporicidal effect of peracetic acid plus hydrogen peroxide on *Bacillus subtilis* SA 22. *Food Microbiology* 1: 199.

Lubieniecki-von Schelhom, M. 1973. Influence of relative humidity conditions on the thermal resistance of several kinds of spores of moulds. *Acta Alhnent.* 2:163.

Lynt, R. K.,, D. A. Kautter, and H. H. Solomon.1982. Difference and similarities among proteolytic and non-proteolytic strains of *Clostridium botullnum* types A, B, E, and F: A review. *J. Food Prot.* 45:466.

Marriott, N. G., and R. B. Gravani. 2006. *Principles of Food Sanitation.* 5th ed. New York: Chapman & Hall.

Mayou, J. L., and J. J. Jezeski. 1977. Effect of using milk as a heating menstrum on the apparent heat resistance of *Bacillus stearothermophilus* spores. *J. Food Prot*, 40:228.

McEvoy, I. J., and M. R. Stuart. 1970. Temperature tolerance of *Aspergillus fisc her i* var. *glaber* in canned strawberries. *Irish Journal of Agriculture Research* 9:59.

McIntyre, S., J. Y. lkawa, N. Parkinson, J. Haglund, and J. Lee. 1994. Characteristics of an acidophilic *Bacillus* strain isolated from shelf-stable juice. *J. Food Prot.* 58:319.

National Food Processors Association (NFPA).1999. Characterization and Control of *Alicyclobacillus acidoterrestris.* Washington, D.C.: NFPA.

Odlaug, T. E., R. A. Caputo, and G. S. Graham. 1981, Heat resistance and population stability of lyophilized *Bacillus subtilis* spores. *Appl Environ*, *Microbiol.* 41:1374.

Odlaug, T. E., I. J. Pflug, and D. A. Kautter. 1978. Heat resistance of *Clostridium botulinum* type B spores grown from isolates of commercially canned mushrooms. *J. Food Prot.* 41: 351.

Palmer, M. 1984. Sanitation reaches total environment. *Dairy Field* 167(4): 54.

Palop, A., I. Alvarez, J. Raso, and S. Condon. 2000. Heat resistance of *Alicyclobacillus acido-*

caldarius in water, various buffers, and orange juice. *J. Food Prot* 63:1377.

Pflug, I. J., M. R. Berry, and D. M. Dignan. 1990. Establishing the heat preservation process for aseptically packaged low-acid food containing large particulates, sterilized in a continuous heat- hold-cool system. *J. Food Prot*. 53:312.

Pierson, M. D., and D. A. Corlett Jr. 1992. *HACCP principles and applications*. New York: Van Nostrand Reinhold.

Prevido, M. P., S. Quintavalla, C. Lusardi, and E. Vinacinni. 1997. Thermermoresistenza di spore di Alicyclobacillus in succhi di frutta. *Industia Conserve* 72:353.

Sapers, G. M., J. R. Gomy, and A. E. Yousef. 2006. *Microbiology of Fruits and Vegetables*. Boca Raton, Fla.: CRC Press.

Schmidt, R. 2009a. Basic elements of equipment cleaning and sanitizing in food processing and handling operations. University of Florida Extension publication FS 14. http: //edis.ifas.ufl. edu/ topic_a04193240/.

Schmidt, R. 2009b. Basic elements of a sanitation program for food processing and food handling. University of Florida Extension publication FS 15. http: //edis.ifas, ufl.edu/topic_ a04193240/

Scott, V. N., and D. T. Bernard. 1987. Heat resistance of *Talaromyces flavus* and *Neosartorya fischeri* isolated from commercial fruit juices. J. *Food Prot*. 50:18.

Shih, C. S., R. Cuevas, V. L. Porter, and M.Cheiyan. 1982. Inactivation of *Bacillus stearother-mophilus* spores in soybean water extracts at ultra-high temperatures in a scraped-surface heat exchanger. *J. Food Prot*. 45:145.

Silva, F. M., P. Gibbs, M. C. Vieira, and C. L. M. Silva. 1999. Thermal inactivation of *Alyciclo-bacillus acidoterrestris* spores under different temperature, soluble solids and pH conditions for the design of fruit processes. *Int. J. Food Microbiol* 51:95.

Splittstoesser D. F., J. J. Churey, and C. Y. Lee. 1994. Growth characteristic of aciduric spore-forming bacilli isolated from fruit juices. J. *Food Prot*. 57:1080.

Splittstoesser, D. F., and C. M. Splittstoesser. 1977. Ascospores of *Byssochlamys fulva* compared to those of a heat-resistant *Aspergillus*. J. *Food Sci*, 42:685.

Srimani, B., R. Stahl, and M. Loncin. 1980. Death rates of bacterial spores at high temperatures. *Lebensm.Mss.il. Technol*. 13:186.

Stumbo, C. R. 1973. *Thermobacteriology in food processing*. 2nd ed. New York: Academic

Press.

Stumbo, C. R., and K. S. Purohit. 1983. *CRC handbook of lethality guides for low-acid canned foods*, Vol.1, 2nd ed. Boca Raton, Fla.: CRC Press.

Tomlins, R. H., and Z. J. Ordal. 1976. Thermal injury and inactivation in vegetative bacteria. In *Inhibition and inactivation of vegetative microbes*, ed. F. A. Skinner and W. B. Hugo, 153-190. London: Academic Press.

Van der Spuy, J. E. F. N. Matthee, and D. J. A. Crafford. 1975. The heat resistance of moulds *Pencillium vermiculatum* Dangeard and *Pencil lium brefeldianum* Dodge in apple juice. *Phyto phylactica* 7:105.

Williams, C. C., E. J. Cameron, and O. B. Williams. 1941. A facultative anaerobic mold of unusual heat resistance. *Food Research* 6:69.

Xezones, H., and I. J. Hutchings. 1965. Thermal resistance of *Clostrdium botulinum* (62A) spores as affected by fundamental food constituents. *J. Food Technol.* 19:1003.

第5章 无菌加工食品的化学

Suzanne Nielsen, Baraem Ismail, and George D. Sadler

刘锐 编译

无菌加工食品品质优良,可以媲美冷冻产品的质量水平,常温下货架期稳定,无须低温运输和储藏,节约成本。高温无菌加工的杀菌效率高,最大限度地降低了食品热损失(尽管不能完全消除)。虽然相较于传统加工食品,无菌加工食品整体质量更好,但也存在一些特有的问题。例如,在后续常温储存过程中容易发生一些引起质量损失的反应。这些化学变化,如色泽、风味和营养变化,取决于储存温度、pH、重金属含量、溶氧量、包装材料等条件。为了克服上述问题,研究者不断开发出新型无菌加工方法(如连续流微波系统)及新的无菌包装技术(如生物活性包装)。此外,无菌加工中这些引起食品品质损失的变化也存在一定的预测规律,具体可以从活化能、酶作用、褐变反应、与氧气有关的问题、营养、风味和色泽变化、测量化学变化的技术以及货架寿命等方面进行阐述。需要明确地是,虽然无菌加工还存在一些需要解决的质量损失问题,但无疑它为食品工业带来了更多的质量改进优势。

5.1 活化能

根据"过渡态"理论,在任何一个化学反应体系中,反应物需要达到某个临界能量水平才能发生反应(图 5-1)。将分子从常态转变为容易发生反应的活跃状态所需要的能量,称之为活化能(E_a)。达到"过渡态"要求反应物必须含有足够的能量(ΔG°)克服反应活化能(E_a)。如图 5-1 所示,图中的纵轴表示反应物分子的自由能,横轴表示反应物转化为产物时必须经历的无穷小的步骤进程。

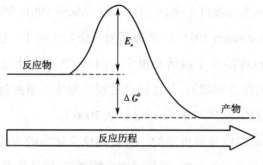

图 5-1　活化能（E_a）

E_a 表示反应速率随温度变化的快慢。所有受温度影响的过程本质上都能通过改变 E_a 来调节反应速率。E_a 越高，表明反应速率对温度的变化越敏感。活化能的大小影响所有化学反应速率，如褐变、风味变化和微生物失活速率，同时也影响气体透过聚合物材料的传递速率及其溶解性等物理过程。在无菌加工中，微生物灭活速率比引起食品质量损失的化学反应速率对温度升高的变化更为敏感，即与引起质量损失过程的 E_a 相比，破坏微生物所需的 E_a 更高。无菌加工就是利用两者之间的差异生产出比传统加工质量水平更高的食品。

5.1.1　加速化学反应

食品体系中涉及的反应 E_a 从 8.4 kJ/mol 到 627.6 kJ/mol 之间变化范围很大（Lund 1975a）。"每摩尔"代表化学反应中变化的化学键数量，而不是反应物或产物浓度。需要明确 E_a 不能揭示反应的快慢，而是用来描述反应速率随温度变化的动力学过程。

在食品中，加速化学反应的方法主要包括浓缩、使用催化剂、提高温度 3 种。

（1）浓缩。产品浓缩使得反应物分子与相邻分子之间更加接近，增加反应发生概率。例如，浓缩果汁的货架寿命（2~6 个月）比纸盒无菌灌装的单强果汁的货架寿命（4~18 个月）缩短（Carlson 1984）。因此，在无菌加工中应特别注意由于预浓缩或浓缩可能带来的质量损失（Johnson and Toledo 1975）。与非浓缩产品相比，浓缩产品对热的耐受能力要差得多，褐变反应更加迅速，也更容易在较低的储存温度下发生褐变。

（2）使用催化剂。催化剂能够降低化学反应活化能。在食品中，最常见的催化剂是酶和过渡金属（如铜和铁）微量离子。通常在无菌加工和传统热加工中，都不希望有残留酶存在。但有时也在无菌加工的下游添加灭菌后的酶，利用酶的选择性解决产品质量问题。例如，在超高温（UHT）加工乳中加入 β- 半乳糖苷酶，将乳糖转化为葡萄糖和半乳糖，使得乳制品更甜，对乳糖不耐症患者来说也更容易消化。

在无菌加工中,酶的失活和再生受到关注。乳(Adams 1981；Visser 1981；Fox 1982)和某些蔬菜(David and Shoemaker 1985)中热失活酶可能发生再生。UHT 加工乳中热稳定酶原(酶的无活性前体)也可能发生激活和再生。例如,当预热处理条件不合理时,将导致 UHT 加工乳中纤溶酶活性急剧增加,并在储存过程中发生严重的凝胶化和沉降(Kelly and Foley 1997；Kennedy and Kelly 1997；Newstead et al. 2006)。

（ 3 ）提高温度。提高温度是最重要的一种提高反应速率的方法。温度升高提供能量,增大了反应体系中活化分子的百分数,有效碰撞次数增多,推动化学反应进行。无菌加工提供短时高温,然后立即冷却,得到一种微生物稳定的产品。传统热加工产品则较长时间处于一定的热处理条件,冷却缓慢。因此,在冷却前期仍然有足够的热量继续杀灭微生物。传统热加工和无菌加工最终目的相同,即热加工和冷却过程提供的总热量能够使产品达到微生物稳定。

由于无菌加工和传统热加工具有相当的微生物杀灭能力,所以 2 种加工方法的优势对比体现在其他方面。例如,无菌加工相对于传统热加工是否更有利于风味的形成,或是否能够使不利于产品质量的化学反应最小化。这 2 种加工方式如何影响特定反应途径可以通过活化能来进行评价。

5.1.2　测定活化能

如前所述, E_a 是一个描述食品中反应速率如何受到温度变化影响的指标。E_a 很容易进行测定,大量文献报道了与食品质量相关反应的 E_a 值。E_a 的一般测定方法是测定不同温度下(至少 3 个温度)的反应速率,根据阿仑尼乌斯方程等经验公式进行计算。对于化学反应来说,用反应速率常数来描述在一个特定的温度下的反应速率。反应级数可以是零级、一级、二级或混合级。在一级反应中,反应速率仅与底物(A)浓度成正比(图 5-2)。即 A 浓度增加 1 倍,反应速率会随之增加 1 倍;如果 A 浓度增加 4 倍,则反应速率增加 4 倍。可以表示为:

反应速率$\propto [A]$

其中,$\propto$ 为比例符号。

对特定反应来说,上式可以表示为:

反应速率$=k[A]$

其中,常数 k 为称为反应速率常数。

二级反应是指反应速率与 A 浓度的平方成正比。即 A 浓度增加一倍,反应速率将增加

4 倍(2^2)。如果 A 浓度增加 3 倍,反应速率将增加 9 倍(3^2)。可以用公式表达为:

反应速率 $=k\,[A]^2$

如果一个反应涉及两种底物 A 和 B ,反应速率与这 2 种底物的浓度相关,则反应速率方程表达为:

反应速率 $=k\,[A]^a\,[B]^b$

底物 A 和 B 浓度的幂代表了其对反应速率影响的程度,称为 A 和 B 的反应级数。如果 A 的反应级数为 0(零级),表明反应速率不受 A 浓度的影响。从数学角度讲,任何数的零次方(x^0)都等于 1,因此, A 浓度这个特定项就从反应速率方程中消除了。

反应的总级数是各个项级数的加和。例如,如果反应关于 A 和 B 均是一级($a=1$, $b=1$),那么反应总级数就是 2,该反应称为二级反应。食品体系反应非常复杂,反应级数也因此非常复杂,但限速步骤决定了整个反应途径的表观反应级数。在食品中,限速步骤级数通常为一级(图 5-2),常用"表观一级"或"伪一级"来描述。

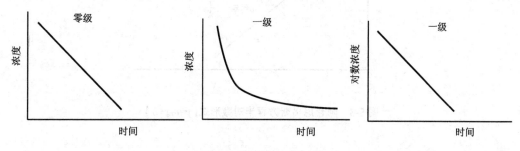

图 5-2　零级和一级反应

实际上,没有必要确定准确的动力学级数,在任何反应级数下都能计算出活化能。在加工和贮藏过程中,食品组分的微小变化都可能导致食品质量的明显劣变。当底物损失非常小(<15%)时,所有动力学级数均可以建模为一条直线,即可以看成零级反应,在计算 E_a 时不会造成显著误差。对于一个给定的温度变化,一级反应的速率常数将会增加一倍,而零级近似反应的速率常数也会加倍。因此,对于低底物损失的反应,可以近似为零级反应来计算 E_a 值。

采用阿仑尼乌斯方程确定 E_a 值:

$$k = Ae^{\frac{-E_a}{RT}} \tag{5-1}$$

$$\ln k = \left(\frac{-E_a}{R}\right)\left(\frac{1}{T}\right) + \ln A \tag{5-2}$$

式中　k ——反应速率常数(任意级数);

A——指前因子或频率因子；

E_a——反应活化能；

R——理想气体常数，8.314 J/(mol·K)；

T——绝对温度，K。

阿仑尼乌斯方程在对半数坐标轴中为一条直线（$y=mx+b$），其中截距 b 为公式中 $\ln A$，斜率 m 为公式中 $-E_a/R$，x 和 y 分别代表 $1/T$ 和 $\ln k$（图 3）。因此，$\ln k$ 和 $1/T$ 的关系图斜率为 $-E_a/R$（图 5-4）。由于 R 是常数，因此斜率（$-E_a/R$）乘以理想气体常数 8.314 J/(mol·K)即得 E_a。反应速率随着温度升高而增加，E_a 为负值，有时省略负号。

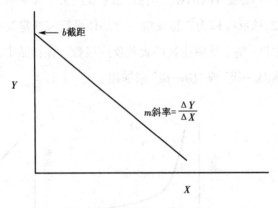

图 5-3　阿仑尼乌斯方程半对数形式（$y=mx+b$）

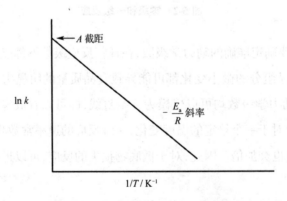

图 5-4　阿仑尼乌斯方程半对数曲线

表 5-1、5-2 和 5-3 以及图 5-5 和 5-6 显示了橙汁、柠檬汁、葡萄柚汁和柑橘汁中抗坏血酸氧化降解的 E_a 实际计算值（Burdurlu et al. 2006）。

表 5-1　柑橘类浓缩汁储存过程中抗坏血酸的降解（ mg/100 g ）

品种	温度 /℃	储存时间 / 周								
		0	1	2	3	4	5	6	7	8
橙汁	28	232.9	242.1	226.4	218.5	214.0	210.0	207.0	189.9	194.9
	37	232.9	208.0	196.6	138.9	121.5	106.2	91.3	69.0	52.4
	45	232.9	198.8	153.4	95.2	72.9	56.3	39.3	38.4	39.3
柠檬汁	28	225.0	198.8	188.8	173.5	166.9	163.8	148.1	139.8	122.8
	37	225.0	188.3	153.4	118.8	80.4	73.4	101.8	49.8	54.6
	45	225.0	191.4	152.9	109.2	112.7	80.4	65.9	50.6	45.0
葡萄柚汁	28	205.8	194.0	184.4	164.3	160.0	159.1	155.0	139.9	144.0
	37	205.8	180.0	136.8	119.9	108.3	95.7	82.1	60.7	55.5
	45	205.8	152.0	115.8	90.9	71.2	44.1	41.9	36.7	31.4
柑橘汁	28	97.9	95.3	80.4	80.9	81.5	73.0	77.0	70.0	65.0
	37	97.9	88.7	68.6	60.3	55.0	34.1	38.5	38.4	23.1
	45	97.9	68.6	51.5	40.6	30.1	24.0	18.7	13.9	14.8

来源：Burdurlu et al. 2006。

表 5-2　抗坏血酸降解半衰期及抗坏血酸降解反应速率常数

品种	温度 / ℃	抗坏血酸降解半衰期及抗坏血酸降解反应速率常数		
		$t_{1/2}$ / 周	$k \pm SD$	R^2
橙汁	28	24.75	$0.027\,6 \pm 0.010\,8$	0.910 7
	37	3.75	$0.185\,0 \pm 0.013\,3$	0.979 3
	45	2.72	$0.255\,0 \pm 0.028\,7$	0.951 2
柠檬汁	28	10.34	$0.067\,0 \pm 0.005\,9$	0.974 2
	37	3.79	$0.183\,0 \pm 0.004\,1$	0.884 9
	45	3.35	$0.207\,0 \pm 0.033\,0$	0.986 9
葡萄柚汁	28	14.74	$0.047\,0 \pm 0.006\,7$	0.932 6
	37	4.25	$0.162\,6 \pm 0.019\,7$	0.986 2
	45	2.86	$0.242\,0 \pm 0.018\,4$	0.974 0
柑橘汁	28	15.06	$0.046\,0 \pm 0.003\,3$	0.887 7
	37	4.15	$0.167\,0 \pm 0.010\,8$	0.927 4
	45	7..7Q	$0.248\,0 \pm 0.029\,7$	0.979 0

注：SD 为标准差。

来源：Burdurlu et al. 2006。

表 5-3　抗坏血酸降解的活化能 E_a

反应	品种	$E_a \pm SD$ /（kJ/mol）
抗坏血酸降解	橙汁	105.27 ± 17.95
	柠檬汁	53.43 ± 4.06
	葡萄柚汁	76.86 ± 4.52
	柑橘汁	79.25 ± 3.10

注：SD 为标准差。

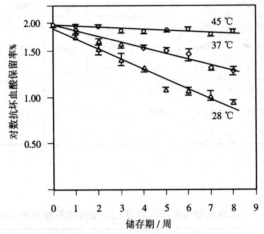

图 5-5　储存过程中葡萄柚浓缩汁中抗坏血酸的损失

（来源：Burdurlu et al. 2006）

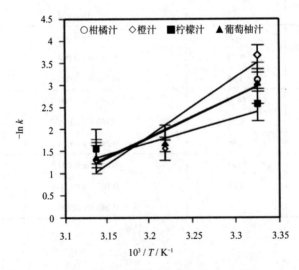

图 5-6　柑橘浓缩汁中抗坏血酸降解的阿仑尼乌斯曲线

（来源：Burdurlu et al. 2006）

5.1.3　解释活化能

无菌加工时间短,很多引起食品质量损失的反应虽然 E_a 值低于微生物死灭所需的活化能,但反应来不及发生,已达到杀菌效果,极大地避免了传统热加工带来的热损失。一般地,E_a 表示化学反应速率常数与温度的关系,而在食品工业中,Z 值常用于描述微生物死灭速率常数或其他热敏性属性变化速率常数与温度的关系。显然 E_a 和 Z 值均反映了温度对反应速率常数的影响,但侧重点不同。E_a 侧重于描述以化学反应为主的品质变化,如储存、加热、浓缩过程中的褐变反应、氧化反应等;Z 值侧重于描述微生物改变相关的过程。两者有时可以混用,通过以下推导进行换算。

采用阿仑尼乌斯方程,在反应温度 T_1 和参考温度 T 下的反应速率常数 k_1 和 k 分别表达为:

$$k_1 = A\mathrm{e}^{\frac{-E_a}{RT_1}}$$

$$k = A\mathrm{e}^{\frac{-E_a}{RT}}$$

式中　k_1——在反应温度 T_1 下反应速率常数;

　　　k——在参考温度 T 下反应速率常数;

　　　A——指前因子或频率因子;

　　　E_a——反应活化能;

　　　R——理想气体常数,8.314 J/(mol·K);

　　　T_1——反应温度,K;

　　　T——参考温度,K。

采用 Z 值模型,以微生物死灭过程为例,微生物死灭速率常数 k 可以用下式来描述:

$$k = \frac{\lg N_0 - \lg N}{t} = \frac{1}{D}$$

式中　k——微生物死灭速率常数;

　　　N_0——原始菌数;

　　　N——经 t 时间杀菌后残存的活菌数;

　　　t——杀菌时间;

　　　D——在规定温度下使全部对象菌死灭 90% 所需的加热杀菌时间。D 值越大,则表示该菌的耐热性越强。

Z 值定义为微生物致死时间缩短一个对数周期,即致死速率提高一个对数周期,杀菌温度应提高的度数。

$$Z = \frac{T_1 - T}{\lg D - \lg D_1} = \frac{T_1 - T}{\lg k_1 - \lg k}$$

式中　Z——反应 Z 值，℃；

T_1——反应温度，K；

T——参考温度，K；

D_1——在反应温度 T_1 下使全部对象菌死灭 90% 所需的加热杀菌时间；

D——在参考温度 T 下使全部对象菌死灭 90% 所需的加热杀菌时间；

k_1——在反应温度 T_1 下微生物死灭速率常数；

k——在参考温度 T 下微生物死灭速率常数。

因此将采用阿仑尼乌斯方程得到的反应速率常数 k_1 和 k 带入到上式得到：

$$E_a = \frac{2.303 \times R \times T \times T_1}{Z} \tag{5-3}$$

式中　E_a——反应活化能；

R——气体常数，8.314 J/mol·K；

T——参考温度，K；

T_1——反应温度，K；

Z——反应 Z 值，℃。

因而 E_a 和 Z 值既有联系又有区别，均可描述在一定温度范围内食品热敏性成分或微生物的耐热特性。二者成反比，高 Z 值计算得到低 E_a 值，反之亦然。

$$E_a \propto 1/Z \tag{5-4}$$

食品热加工要在温度和时间之间作出权衡。提高温度，缩短杀菌时间；或者降低温度，延长杀菌时间。无菌加工之所以能够保护低 E_a 反应，就是利用提高温度，缩短杀菌时间，使低 E_a 反应来不及发生，即达到杀菌效果。注意，这里提到的"高 E_a 反应"和"低 E_a 反应"是以微生物死灭的 E_a 值为参考基准的。

如表 5-4 所示，使大多数微生物死灭的 E_a 值一般高于 209 kJ/mol。表 5-5 列出了一些常见的导致食品质量损失的反应 E_a 值，这些反应的 E_a 值均小于 167 kJ/mol，因而这些反应速率对温度变化的依赖性要小于微生物死灭对温度变化的依赖性。

表 5-4　产芽孢微生物失活的活化能和 Z 值

微生物	Z 值 / ℃	E_a 值 / kJ/mol
嗜热脂肪芽孢杆菌	7	414

续表

微生物	Z 值 / ℃	E_a 值 / kJ/mol
枯草芽孢杆菌	7.4~13	389~222
蜡样芽孢杆菌	9.7	297
产气荚膜梭菌	10	289
生孢梭菌	13	222
生孢梭菌 PA3679	10.6	272
肉毒杆菌	9.9	293

来源：修改自 Lund 1975b。

表 5-5　导致食品质量损失反应的活化能和 Z 值

食品质量	Z 值 / ℃	E_a /（kJ/mol）
硫胺素	25	113
核黄素	27.8	96
烟酸	25.3	109
泛酸	31.1	88
抗坏血酸	27.8	97
维生素 B_{12}	27.8	97
叶酸	40	61
维生素 A	40	61
叶绿素	28.9~79.4	31~92
美拉德褐变	25	113
赖氨酸	21.1	126

来源：Lund 1975b。

　　由阿仑尼乌斯方程可知，E_a 实际上是用阿仑尼乌斯曲线的斜率乘以理想气体常数。E_a 越高，即阿仑尼乌斯曲线斜率坡度较大，反应速率常数 k（或 $\ln k$）随温度升高而增加得更快。这也意味着温度越高，高 E_a 反应要比低 E_a 反应的速率常数增加得更加迅速，对低 E_a 反应的保护作用就越大。

　　通过采用 E_a 来描述温度对化学反应速率的影响，并比较造成食品质量损失反应的 E_a 值和微生物死灭的 E_a 值大小，可以预测无菌加工对食品质量的影响。

　　此外，还可以用 E_a 来说明食品中的反应在什么温度水平下"显著"发生。如表 5-6 所示，脂溶性物质氧化因其自由基反应机制通常具有较低 E_a 值；微量金属催化作用也会降低脂类反应的 E_a 值；即使在低温冷冻条件下这类反应也会发生。在中等 E_a 值范围内的反应主要发生在室温条件下,如水溶性成分的氧化、水溶性色素颜色变化、风味变化和维生素损失等;无菌加工食品比罐装和瓶装加工食品中存在更多的氧气,容易发生该类反应,在无菌加工中需要特别注意。具有高 E_a 值和超高 E_a 值的反应通常只在加工温度才发生,而在室温下不会发生;该范围内涉及的反应主要包括微生物和孢子的杀灭以及酶的变性和失活。

表 5-6　活化能范围

低 E_a	中等 E_a	高 E_a	超高 E_a
（8.4~62.8 kJ/mol）	（62.8~125.5 kJ/mol）	（209.2~418.4 kJ/mol）	（418.4~627.6 kJ/mol）
酶和脂溶性食品成分涉及的反应: 1. 酶促反应 2. 类胡萝卜素的破坏 3. 叶绿素的破坏 4. 脂肪酸氧化	水溶性食品成分涉及的反应: 1. 维生素的破坏 2. 水溶性色素的损失 3. 美拉德褐变反应	1. 微生物或微生物孢子的破坏 2. 酶的变性	高热稳定性酶的失活

　　综上,微生物死灭具有较高的 E_a 值,在室温下反应不明显,但随着温度升高,其反应速率迅速增加;而所有热损失反应的 E_a 值都比较低,反应速率对温度变化不敏感。因此,当两种加工方式具有同等程度的微生物致死能力时,加工温度越高,就能够缩短加热时间,降低热损失。无菌加工采用高温处理,在杀灭微生物的同时,保证了产品质量。

5.2　无菌加工食品的化学变化

　　高温短时(HTST)无菌加工可最大限度地减少异味(Parks et al. 1963；Kirk et al. 1968；Scanlan et al. 1968；Zadow and Birtwistle 1973；Thomas et al. 1975；Gorner et al. 1978；Jeon et al. 1978；Hansen and Swartzel 1979),色泽变化(Stadtman 1948；Joslyn 1957；Ellis 1959；Clegg 1964；Hodge 1967；Thomas et al. 1975),以及营养损失(Ford et al. 1969；Burton et al. 1970；Lee et al. 1977；Metha 1980；Nagy 1980；Andres 1984)。F 值为杀菌值也称杀菌强度,是指在特定温度下杀灭一定数量的具有特定 Z 值的微生物所需的分钟数;后值是指在 121.1 ℃下,杀灭一定数量的 Z 值为 10 ℃的微生物所需要的分钟数。为了方便比较总杀菌效果,不同加工方式的实际杀菌值均可以折算为 121 ℃下等效杀菌 F 值。当无菌加工与传统热加工具有等效杀菌 F 值时,前者将提供了更高的质量保证。然而通过比较 UHT 乳和巴氏杀菌乳的品质,却无法得到前者产品质量优于后者的结论(Vazquez-Landaverde et al. 2005)。这是

因为两者的等效杀菌 F 值差异很大；如果在实质等效的情况下，显然无菌加工能够显著提高产品质量。

在加工和贮藏过程中，食品的颜色、风味、质地和营养成分同时发生着变化。在热加工过程中，热损失、酶解和氧化是导致产品质量损失的 3 种主要途径，各种途径之间相互影响。例如，褐变可能是热损失、氧化和 / 或非酶反应的共同作用结果。有时也会有水解产生异味以及金属 - 多酚络合反应，但这些变化对产品品质影响不显著。显然与传统热加工相比：①无菌加工对产品质量的热损失更小；②酶催化作用也因为无菌加工的迅速升温而受到抑制，但是当其 E_a 值低于酶失活反应的 E_a 值时，其后贮存期间会残留酶活，引起质量问题；③氧化导致质量损失最无菌加工中最严重的问题，当无菌包装前没有脱氧工艺，柔性包装材料在一定程度上也能透过氧，在食品的加工和包装过程同时存在氧气残留的问题。

食品中各种成分均可能参与到引起质量损失的各类化学反应中。蛋白质、碳水化合物和脂类会发生酶促褐变；脂类也可以发生氧化反应，导致褐变；碳水化合物还可能发生其他复杂反应；矿物质如铁和铜可以作为催化剂，参与褐变和氧化反应，也可以与其他食品成分络合；脂溶性维生素相对稳定，但硫胺素、叶酸和维生素 B_6、维生素 B_{12}、抗坏血酸在加工和贮藏过程中容易受到热或氧化降解。采用加工过程脱氧、贮藏过程使用除氧包装等措施，能够有效地防止叶酸、抗坏血酸和维生素 B_{12} 的氧化降解。

5.2.1　酶作用

高温短时加工对酶的影响有利有弊。一方面快速升温使得酶很快离开其最适温度范围，限制了酶催化活性；另一方面由于酶的再生或不完全失活，后期贮藏存在残留酶活，导致质量损失问题（David and Shoemaker 1985；Anese and Sovrano 2006）。

从活化能的角度来解释，在一定温度范围内，酶促反应速率随温度的增加而增加；当到达酶的受热极限时，酶开始失活，催化活力下降。如果使酶失活的条件不够苛刻，当系统冷却至酶变性温度以下时，很多酶就会重新表现出催化活性。这种现象在低分子量的酶中尤其常见。涉及酶作用的最典型的例子是 UHT 乳的凝胶化。UHT 乳中的蛋白质通过酶作用发生凝胶化，引起质量损失。酶活性与其结构密切相关，回顾蛋白质结构知识有助于我们理解 UHT 乳中酶的再生和不完全失活问题。

5.2.1.1　蛋白质结构

蛋白质具有四级结构：1°（一级）、2°（二级）、3°（三级）和 4°（四级）（图 5-7）。蛋白质一级结构是氨基酸线性序列通过共价键连接形成的多肽链；二级结构由肽链在一个维度上形成高度有序的螺旋线圈排列结构,如 α-螺旋或 β-折叠结构;形成蛋白质二级结构的主要作用力是多肽链中相邻氨基酸之间高度有序的氢键。

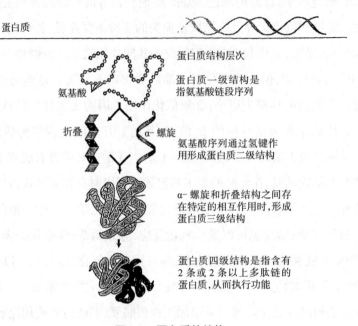

图 5-7　蛋白质的结构

（来源:Darry Leja, NHGRI, NIH）

　　蛋白质三级结构是在各种二级结构基础上,通过转动和折叠多肽链形成具有一定规律的三维空间结构。大多数生物活性蛋白质,如酶、肌动蛋白、肌球蛋白、蛋白质毒素、血红蛋白、肌球蛋白等,具有非常复杂的三级结构;而结构蛋白,如胶原蛋白、弹性蛋白、骨基质蛋白、指甲和毛发蛋白,则很少或基本没有三级结构。三级结构形成的主要作用力包括氢键、静电力、亲水和范德华相互作用;共价键,特别是二硫键,有时在蛋白质三级结构的形成中也起到作用。蛋白质四级结构由两个或多个非共价键链接的多肽组合而成。

　　蛋白质高级构象包括蛋白质的二级、三级和四级结构。酶的变性就是指其构象发生了改变,即蛋白质二级、三级和四级结构发生变化,而一级结构不发生变化。升高温度将改变酶与特定底物结合的活性位点;热导致酶构象发生变化,使得酶活性位点不能适应特定底物分子,酶活性降低。

5.2.1.2　酶的再生

　　关于无菌加工食品存在残留酶活,一种解释是在无菌加工中对热极其稳定的酶仅发生部分失活,保留了一部分酶活性;然而高稳定性酶发生热变性的 E_a 值很高,可达到 627.6 kJ/mol,无菌加工温度越高,对酶的破坏作用就越强,特别是对高 E_a 的热稳定酶的失活作用更加明显,该说法无法合理解释残留酶活。另一种更为恰当的解释是与酶变性去折叠过程中发生的构象变化程度有关。无菌加工温度很高,能够有效地使热稳定酶变性,但由于作用时间短,酶在去折叠过程中所受的应力作用不足以克服其高分子链的弹性极限,没有发生聚集等不可逆的次级副反应,当温度冷却下来时,酶的三级结构可以很快恢复原来的状态(图5-8)。在传统热加工中,酶变性初始阶段的效率较低,但酶发生去折叠过程中活性基团暴露在外界化学环境中的时间非常长,发生次级副反应的几率增加,容易发生不可逆的蛋白质聚集(图 5-8)。一旦发生蛋白质聚集,酶分子就失去了催化能力。发生蛋白质聚集的主要作用力包括疏水相互作用、氢键和二硫键等。其中,二硫键是导致 UHT 乳中酶发生不可逆变性的主要作用力(Enright and Kelly 1999)。

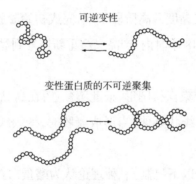

图 5-8　蛋白质可逆和不可逆变性

　　表 5-7 列出了常见的热稳定酶。通过烫漂或传统热加工高酸性食品已解决了这些酶的残留酶活问题。但对无菌加工来说,还存在这些酶的再生或不完全失活问题,影响产品质量。例如,高温短时加工蔬菜的后期储存过程发生过氧化物酶的再生(Adams 1978);果胶酶失活对防止柑橘果汁的浑浊损失至关重要(Graumlich et al. 1986);由于细菌污染产生 α-淀粉酶活性,导致淀粉基无菌加工布丁变稀薄(Anderson et al. 1983);来自嗜冷细菌污染残留的脂肪酶活性会导致 UHT 乳中游离脂肪酸含量增加,影响产品感官质量(Mottar 1981);残留蛋白酶活是乳发生老化凝胶化的主要原因(Kohlmann et al. 1991a; Newstead et al. 2006),也是无菌加工产品中研究最广泛的残留酶活问题。

表 5-7　食品中一些热稳定酶

脂肪酶	过氧化物酶 *
酚酶	抗坏血酸氧化酶
脂肪氧合酶 *	果胶酶 *
叶绿素酶	蛋白酶 *
过氧化氢酶	碱性磷酸酶 *

* 显著影响产品质量

5.2.1.3　老化胶凝化

老化凝胶化是 UHT 乳货架寿命的限制因素（Tombs 1969；Andrews 1975；Whittaker 1977；Fox 1982；Burton 1988；Kohlmann et al.1991b；Bastian and Brown 1996；Datta and Deeth 2001；Datta and Deeth 2003；Newstead et al. 2006）。在储存过程中 UHT 乳形成奶油冻状凝胶，发生黏度变化，起始阶段产品变稀薄，接下来一个阶段黏度变化不大，然后黏度迅速升高，在 1~3 周内形成凝胶。在黏度升高阶段早期，完成初始凝胶化时，通过搅拌可以使乳蛋白重新分散，但在 24 小时到 48 小时内，产品又会重新恢复到黏稠状态；一旦凝胶化完成，则不可逆。

在低黏度阶段，酪蛋白胶束保持圆形，彼此不黏连；在高黏度阶段，凝胶化开始之前，胶束表现出扭曲、伸长，并形成线状延伸；当形成凝胶时，继续线性伸长，纤维状连接成胶束网络。

UHT 乳的凝胶化主要有以下机制：一种理论认为酪蛋白在蛋白酶作用下进行酶改性，改性后的酪蛋白分子之间发生重排，形成凝胶化（Adams et al. 1975；Payens 1978；Snoeren et al. 1979）。另一种理论是物理化学作用导致酪蛋白胶束发生非酶促重排（Wong et al. 1996）。该理论假设在老化过程中酪蛋白胶束的表面电势下降，吉布斯自由能降低，静电斥力下降，从而使得胶束聚集的阻力减少，导致凝胶化。同时，乳清蛋白中的 β- 乳球蛋白（β-LG），经高温处理后，可能通过二硫键（Smits and van Brouwershaven 1980）、范德华力或疏水作用（Doi et al. 1983）与酪蛋白胶束发生相互作用，进而促进聚集。UHT 乳的凝胶化也可能源自上述 2 种机制的组合，首先一些天然或微生物来源、再生或不完全失活的蛋白酶对酪蛋白进行酶解改性，然后通过物理化学作用形成凝胶化。

牛乳中蛋白酶活性来源于两方面：内源天然蛋白酶和外源细菌污染所产蛋白酶（Fairbairn and Law 1986；Grufferty and Fox 1988a，1988b）。UHT 加工中外源酶主要是在热加工前冷藏乳贮存过程中由嗜冷菌产生（Temstrom et al. 1993；Sørhaug and Stepaniak 1997）；如果对无菌乳接种嗜冷菌并进行 UHT 加工，要比未接种嗜冷菌的对照组凝胶化速度更快（Snoeren et al. 1979）。UHT 乳的凝胶化也与乳中内源天然蛋白酶——纤溶酶（PL）活性有关，UHT 灭菌乳储存 3 个月后也会发生凝胶化（Snoeren et al. 1979）。这是因为纤溶酶对一些热加工有一定耐受能力，从而引起灭菌乳产品中蛋白质发生水解和凝胶化（Snoeren et al. 1979；Humbert and Alais 1979；Snoeren and Both 1981）。若乳中 PL 活性很低或没有，就会延缓或抑制凝胶化的发生；而添加了 PL 的 UHT 乳则比未添加酶的乳发生凝胶化更迅速（Kohlmann et al. 1988；Kohlmann et al. 1991b）。

纤溶酶（PL）体系包括活性和非活性（纤溶酶原 PG）形式的 PL、PG、PG 激活剂（PA）、PG 激活剂抑制剂（PAI）和 PL 抑制剂（PI）。由于 PL 体系直接作用于乳蛋白，任何影响 PL 体系的因素都可以影响乳的品质。不同乳制品加工方式具有不同的温度和时间，这些因素对 PL 体系稳定性和相互作用的影响已有大量研究。PL 体系中各组分的热稳定性不同（Dulley 1972；Lu and Nielsen 1993；Prado et al. 2006）。PL 具有很好的热稳定性，在 pH 6.8，巴氏杀菌条件（72 ℃，15 s）下完全存活（Dulley 1972）。甚至经过巴氏杀菌后由于 PG 激活剂抑制剂的失活，强化了 PG 激活能力，PL 活性还会增加（Richardson 1983；Prado et al. 2006）。也就是说巴氏杀菌后 PL 活性不仅是由于一些抑制剂的失活，而且残留 PG 激活作用也增强了（Burbrink and Hayes 2006）。在强烈的热处理条件下，如 UHT 加工，PL 与含有自由巯基的 β- 乳球蛋白相互作用，发生不可逆变性，PL 活性将受到严重影响（Enright and Kelly 1999）；尽管如此，大部分 PL 发生不可逆失活（Enright et al. 1999），但只要存在残留 PG 或 PG 激活剂，再加上抑制剂失活，UHT 乳储存过程中还是会有活性 PL。研究发现在巴氏杀菌温度下，缓冲溶液系统中 PG 激活剂稳定存在，70 ℃下 D 值为 109 min（Lu and Nielsen 1993）；在 UHT 加工乳体系中 PG 激活剂也能够存活（Kelly and Foley 1997；Kennedy and Kelly 1997）。

研究者不断寻找能够延缓或促进老化凝胶化的添加剂和方法（Harwalkar 1982）。UHT 加工有利于降低乳中结合钙含量；加入磷酸钠、柠檬酸钠和其他能够结合游离钙的化合物会促进凝胶化；加入聚磷酸盐、硫酸锰、乳糖、蔗糖、葡萄糖、山梨醇、氢氧化钠和巯基阻断剂则可以延缓乳的凝胶化。但是贮存过程中乳的老化凝胶化问题仍没有得到有效解决（Newstead et al. 2006）。

乳的老化凝胶化受下列因素影响。

（1）牛的品种和牛乳成分。高蛋白 / 水比例的牛乳更容易凝胶化，各品种中娟姗牛（Jersey）的蛋白 / 水比例最高（Beeby and Luftus Hills 1962）；即高含量的非脂乳固体有利于凝胶化的发生（Harwalkar 1982）。

（2）泌乳期。牛初乳比牛常乳更容易发生凝胶化（Auldist et al. 1996）。

（3）季节。夏季产的乳比冬季产的乳更加稳定（Zadow and Chituta 1975）。

（4）乳房炎。乳房炎乳比普通牛乳更容易发生凝胶化（Saeman et al. 1988）。

（5）微生物数量。原料乳预处理阶段微生物数量多的乳比微生物数量少的乳更容易形成凝胶（Snoeren et al. 1979）；嗜冷菌是乳杀菌前冷藏过程中的主要微生物，菌数达到 $10^3 \sim 10^6$ cfu/mL，嗜冷菌所产胞外酶属于碱性金属蛋白酶，对热具有非常高的稳定性，会使蛋白质水解，影响乳的品质。

（6）灭菌前预热。在原料乳冷藏前进行预热或在灭菌前进行巴氏杀菌有利于减少凝胶化。

（7）加工条件。直接蒸汽加热相比于间接热交换，前者更容易发生凝胶化（Newstead et al. 2006）。

（8）贮藏条件。贮藏温度对凝胶化影响研究发现（Samel et al. 1971；Zadow and Chituta 1975；Harwalkar 1982），贮藏温度越高，牛乳越早发生凝胶化（Harwalkar 1982）。

乳的老化凝胶化受这些因素共同影响，为了延长 UHT 乳货架寿命，可以采取以下措施：①使用优质原料乳；②预热阶段进行充分的热处理；③对加工乳产品进行低温贮藏（<20 ℃）。

5.2.2　褐变反应

5.2.2.1　酶促褐变

食品中褐变反应分为酶促褐变和非酶褐变。酶促褐变多发生在水果和蔬菜等植物中，是在有氧条件下，酚酶催化酚类物质形成醌及褐色聚合物的过程。由于酶促褐变反应非常迅速，无菌加工在防止酶促褐变方面也没有特别之处，水果和蔬菜在加工之前必须经过漂烫和/或其他预处理，使酚酶失活，阻止酶促褐变，以达到商业无菌。

5.2.2.2　非酶褐变

非酶褐变是指在没有酶参与情况下发生的褐变，反应过程非常复杂，可能需要氧，也可能不需要氧。食品中常见的非酶褐变包括：美拉德反应、抗坏血酸褐变、脂质褐变、焦糖化反应和金属－多酚褐变。

焦糖化反应是糖或糖的高浓溶液在高温（一般超过 160 ℃）下经过分子脱水与降解，聚合生成棕色物质；在无菌加工或后期贮藏温度环境下一般不会发生焦糖化反应。金属－多酚褐变属于一种氧化机制；例如，马铃薯或番茄中的绿原酸与铁结合发生氧化褐变，可通过去除铁或采用 EDTA 螯合铁来防止这种褐变。相比于焦糖化反应和金属－多酚褐变,美拉德反应、抗坏血酸褐变和脂质褐变在无菌加工和后期贮藏中特别受关注,这三类褐变反应具有以下共同特点。

（1）褐变中间产物之一可能来源于氨基氮和活性羰基的缩合反应,即席夫碱反应（Reynolds 1963；Moller et al. 1977a,1977b,1977c；Turner et al. 1978）。

（2）都会降低食品的营养质量。

（3）食品发生变色,并伴有异味产生（DeMan 1976）。

（4）无菌加工过程中这些褐变反应不明显,但在长期贮藏过程中显著发生（Stadtman 1948；Shaw et al. 1977；Kanner et al. 1982）。

这三类褐变的主要区别在于活性羰基来源。美拉德反应中活性羰基来自于还原糖（葡萄糖、果糖、乳糖、麦芽糖、核糖、半乳糖）,而非蔗糖（Ellis 1959）；抗坏血酸褐变中活性羰基来自于抗坏血酸氧化后形成的脱氢抗坏血酸（Kurata and Sakurai 1967）；在脂质褐变中多不饱和脂肪酸发生自动氧化形成脂质过氧化物,后经分解产生游离氢过氧化物自由基和活性羰基,这些物质是形成大分子褐色色素的前体物质,继续与胺类、氨基酸或蛋白质反应发生褐变（Pokorny 1981）。

食品体系非常复杂,可能同时存在还原糖、抗坏血酸和氧化脂质及其褐变反应的二级反应产物,相互干扰和竞争,给揭示整个褐变反应机制带来了极大困难,以下只能对褐变初期的一些反应步骤进行阐述。

常见的各种褐变反应 E_a 值均低于 209.2 kJ/mol,因而与传统加工相比,无菌加工有利于限制这些褐变反应的发生；但如果无菌加工产品处于高温环境或者混有氧气,在后期贮藏过程中褐变将成为非常严重的质量问题,特别是抗坏血酸和脂质的氧化褐变。因此,在阐述完美拉德反应、抗坏血酸褐变和脂质褐变之后,将重点讨论与氧化褐变有关的问题以及减少氧化褐变方法等内容。

5.2.2.3　美拉德反应

美拉德反应最早由法国化学家路易斯·卡米尔·美拉德（Louis-Camille Maillard）于 1912 年发现,氨基酸和还原糖发生缩合反应失去二氧化碳并形成褐色色素。在 1995—2000 年期间,针对关键字"Maillard"进行搜索,可以搜索到超过 1 000 项参考文献,受到研究者的广泛重视。但是美拉德反应复杂,无法清楚确切的化学反应途径。当前一些研究者提出了几种美拉德反应机制（Hodge 1953；Namiki and Hayashi 1983；Tressl et al. 1995）,由霍吉提出的机制（Hodge 1953）作为大多数后续模型的基础,受认可程度最高。

　　根据霍吉提出的反应机制,美拉德反应可分为 3 个阶段:①初期阶段,具有明确的反应步骤,尚无褐变发生;②中期阶段,产生挥发性或可溶性中间产物;③末期阶段,形成不溶性棕色聚合物。美拉德褐变反应的第一步是还原糖与自由氨基发生反应(图 5-9),氨基可来源于游离氨基酸、多肽或碱性氨基酸(即赖氨酸、精氨酸和组氨酸)中的活性氨基;产生的糖基胺经过阿姆德瑞重排产生醛糖胺或酮糖胺,这些衍生物还可以与其他氨基或还原糖发生缩合反应产生很多风味化合物、棕色含氮聚合物和类黑精。这些反应的总 E_a 值为 126 kJ/mol,说明美拉德反应在室温下进行缓慢。

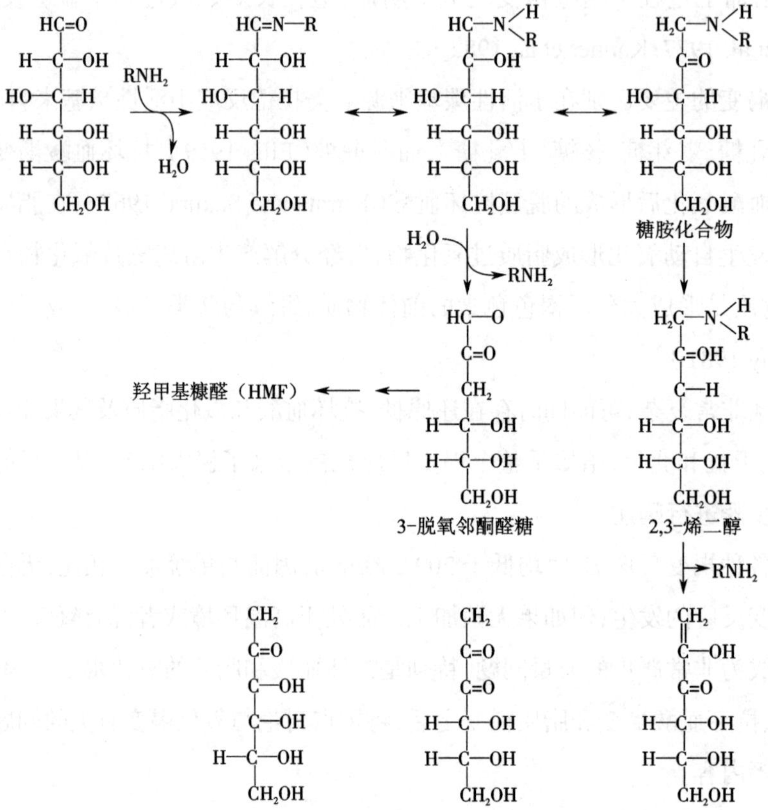

图中标注:糖胺化合物；羟甲基糠醛(HMF)；3-脱氧邻酮醛糖；2,3-烯二醇；RNH_2；H_2O

图 5-9　美拉德反应途径

　　高贮藏温度(高于室温)、高 pH 和低 A_w 都会促进非酶褐变。对于无菌加工高酸食品来说最重要的就是控制贮藏温度,当温度低于 −2.8 ℃时,美拉德反应变得非常慢,食品褐变得到有效控制。

　　美拉德反应还会造成食品营养下降问题(Fox 1982)。大多数情况下,食品体系中能够和还原糖发生美拉德反应的游离氨基酸并不丰富,肽链中碱性氨基酸残基中的活性氨基(ε-氨基)常作为还原糖的攻击目标。以赖氨酸为例,它本身就是必需的营养素,蛋白质经美拉德反应修饰后不但造成赖氨酸营养损失,还会降低蛋白质对消化酶(如胰蛋白酶)攻击的可及性,导致蛋白质营养利用率下降(Hollingsworth and Martin 1972)。

营养损失发生在美拉德反应非常早的阶段,也就是说一旦出现明显的褐变,营养已经发生损失了。确定加热食品中存在美拉德反应的第一个特征是形成烯二醇,在近紫外区吸收增加。在弱碱性条件下,发生 2,3- 烯醇化反应,形成草黄色,随着反应时间的延长,颜色加深成为褐色,最终褐色色素变为颜色非常深的胶状聚合物,即类黑精。如果在褐变初期加入还原剂,如亚硫酸氢钠,颜色的变化是可逆的;一旦类黑精形成,该过程则不可逆。事实上,还原剂抑制美拉德褐变,而氧化剂(Cu^{2+},Fe^{3+})起促进作用,说明某些中间反应本质上是氧化还原反应。

美拉德反应产物对健康的影响也同样受到关注(Wagner et al. 2007)。研究表明,美拉德反应产物具有改善肠道健康(Ames et al. 1973;Solyakov et al. 2002;Borrelli et al. 2003)、抗氧化(Morales and Jimenez-Perez 2004;Delgado-Andrade and Morales 2005)、某些癌症的化学预防(Wenzel et al. 2002;Somoza et al. 2003)等作用。但关于其致突变存在不同说法(Friedman 2005):①美拉德反应产物能够致突变或致畸(Kim et al. 1991;Lee et al. 1995);②具有轻微的致突变能力(Brands et al. 2002);③只有很弱的或基本没有致突变和致畸的能力(Marko et al. 2003;Taylor et al. 2004)。研究"美拉德"化学具有重要意义,需要用到许多学科交叉知识,特别是食品科学和医学。

5.2.2.4　抗坏血酸褐变

果蔬汁在贮藏过程中,有氧存在的情况下,抗坏血酸成分首先氧化变为脱氢抗坏血酸,随着脱氢抗坏血酸快速氧化分解放出二氧化碳,褐变产物不断积累。在美拉德反应中,生成降解产物和出现褐变之间存在滞后期,而抗坏血酸褐变没有这个滞后期,降解产物的生成即伴随着褐变加深。抗坏血酸的氧化褐变作用与体系的酶、金属(铜和铁)离子和 pH 有很大的关系。酶和金属离子催化剂会加快抗坏血酸向脱氢抗坏血酸的转化速度;抗坏血酸氧化褐变的最适 pH 为 4.5(Clegg 1964);加入氨基酸和还原糖则能够一定程度上促进褐变,但并不是抗坏血酸褐变发生的必要条件。

抗坏血酸褐变包括好氧和厌氧两种途径;前者即抗坏血酸氧化褐变是造成其损失的主要原因,但厌氧途径也会破坏抗坏血酸。当瓶装或包装的果汁没有顶隙氧时,随着储存过程中溶解氧的消耗殆尽,厌氧抗坏血酸降解就是唯一的褐变机制(Rojas and Gerschenson 2001)。其降解速率受到葡萄糖、蔗糖或山梨醇与水在 24~45 ℃范围内建立的相互作用的影响(Rojas and Gerschenson 1997)。

　　无菌加工果汁及其浓缩汁富含抗坏血酸,需要特别注意抗坏血酸的降解与褐变问题。贮藏温度直接决定无菌果汁及其浓缩汁的货架寿命,当氧存在时会加速褐变进程(Graumlich et al. 1986),平均 1 mg 的氧会引起 11 mg 抗坏血酸氧化褐变。这些氧可能来自于无菌果汁的顶隙氧、溶解氧或渗透氧(Clegg and Morton 1968;Harper et al. 1969)。不同果汁中抗坏血酸氧化褐变的程度不同,如当果汁中含有黄酮类化合物时,可以起到金属螯合剂作用,抑制金属离子的促催化作用;也可能起到自由基清除作用,阻碍抗坏血酸自动氧化的链式反应。

5.2.2.5　脂质褐变

　　脂质褐变是油脂及脂溶性化合物通过自由基反应机制生成褐色前体物质,进一步氧化褐变。自由基引发剂会促进褐变,如金属离子、紫外线和单线态氧。与美拉德反应不同,脂质发生自由基氧化生成羰基,该过程活化能只有 8.4~41.8 kJ/mol,因此脂质褐变在冷藏温度下也会发生。虽然低温脂质褐变程度并不高,但此时褐变前体物质大量累积,温度升高后将迅速氧化褐变。

5.2.2.6　确定褐变类型

　　褐变是影响无菌加工食品质量的重要因素,只有了解褐变发生的主要机制,明确褐变发生的来源,才能有效控制褐变。因此,对无菌加工食品来说,确定褐变类型非常重要。美拉德反应、抗坏血酸褐变和脂质褐变终产物不同。美拉德反应发生在较高的温度下,生成大量 5- 羟甲基糠醛(HMF)(Nagy and Randall 1973;Johnson and Toledo 1975;Kanner et al. 1981);抗坏血酸褐变和脂质褐变属于氧化褐变,反应过程中仅产生少量的 HMF;测定食品中 HMF 含量有助于分析褐变发生的来源,确定主要褐变类型。此外,高温褐变反应(美拉德反应)一般来源于加工或贮藏不当,整个产品褐变颜色均匀;而氧化褐变(抗坏血酸褐变和脂质褐变)通常在与氧接触的部位颜色较深,而在含氧较少的食品中心不明显。

5.2.3　与氧气有关的问题

5.2.3.1　无菌加工中存在的问题

　　有氧条件下,无菌加工食品会发生抗坏血酸褐变和脂质褐变,导致食品质量变劣(Toledo 1986)。如果外源氧进入灭菌系统,就会停留在管线中引发不良的褐变反应。因此,无菌加工应该是封闭系统,防止外部氧气的渗透进入;并且在系统灭菌前,需要脱除产品中含有的包覆氧。

　　传统热加工采用金属或玻璃容器包装,研究主要集中在美拉德反应上,非酶氧化褐变问题并未受到重视。这是因为金属和玻璃容器是不透氧的,氧化褐变问题不严重。但现在在无菌加工中大量使用价格低廉、质量轻便的聚合物包装,该包装材料无法绝对隔氧,氧的渗透问题不容忽视。

5.2.3.2　氧的来源

　　无菌加工系统中的氧有 3 种来源,包括溶解氧、包覆氧和顶隙氧。溶解氧是在食品溶液中溶解的氧,它是液体食品氧化过程中氧的唯一来源,如抗坏血酸褐变、脂质褐变就是利用溶解氧。包覆氧是以不连续气泡悬浮在食品中,起到氧的存储作用,并可以转变为溶解氧。

　　溶解氧和包覆氧具有以下相同特点:①两者均来自预处理阶段外源氧;②一般均匀分布在液体食品中;③包覆氧可作为溶解氧的来源;④两者对食品质量的影响均难以测定。因此,溶解氧和包覆氧可归视为一类进行处理,通过脱气措施可有效减少溶解氧和包覆氧含量。

　　在这 3 种氧来源中,顶隙氧最容易控制。在发展无菌加工技术之前,应用冲溢技术脱除顶隙氧就已经很成熟了。与溶解氧和包覆氧不同,顶隙氧分布不均匀,最容易聚集在盖子下面,引起局部的产品质量损失。

5.2.3.3　氧扩散和渗透

　　包覆氧、顶隙氧、外部氧通过包装材料,均可以进入食品。食品本身和包装膜都能阻碍氧向食品中的扩散(图 5-10)。包装膜能起到一定的阻隔氧作用,但无法将所有的氧阻隔在外,一些氧可以渗透穿过包装膜,并扩散到食品中。食品本身作为屏障时,其阻隔氧的能力可以用氧扩散系数来表示,不同食品表现出不同的氧扩散系数。与包装膜相比,食品阻碍氧扩散的能力要差;但氧在食品中的扩散路径要远远长于氧在包装膜中的扩散路径。

　　随着氧透过包装材料向食品内部不断扩散,经氧化反应被不断地消耗掉,最终食品中氧含量达到平衡。在容器壁附近的氧浓度较高,越向着容器中心氧浓度越低,形成氧的浓度梯度,如图 5-10 所示。因此,容器壁附近的氧化要比靠近食品中心大得多。评估氧化对消费者接受度的影响时,需要考虑氧浓度梯度的影响。

　　聚合物包装材料存在一定的氧渗透性,通过层压铝箔和纸材料可实现不可渗透的氧屏障(van Willige et al. 2002)。但是铝箔层压板相当昂贵;另外,不可避免会出现一些褶皱、破裂和针孔,导致一定程度的氧渗透。不同包装容器具有不同的氧渗透程度。例如,一些箱中袋蝴蝶阀处一天的透氧量可能比其他部分一年的透氧量还要多。在包装容器的成型 – 填充 – 密封过程中,基质聚合物如果受到不均匀拉伸,将造成单独的高氧渗透区。

　　聚对苯二甲酸乙二醇酯（PET）因具有良好的力学性能、很高的透明度和相对低的气体透过率,目前已广泛用于无菌加工食品包装。多层 PET 和等离子体处理的 PET 比标准单层 PET 的透氧性低 10 倍以上（Berlinet et al. 2006）;货架寿命研究表明,多层 PET 无菌包装橙汁中抗坏血酸的保留率仅略低于玻璃瓶装（Ros-Chumillas et al. 2007）。

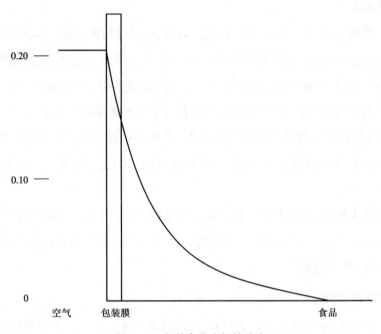

图 5-10　包装食品中氧的分布

5.2.3.4　氧的测量方法

　　测定溶液中的氧有 3 种方法,包括气体计量法、化学法和膜电极法。气体计量法是将溶液中的包覆氧驱出,通过体积法测定氧的含量;该方法操作费力,不适合用作常规氧分析。化学法包括比色法和滴定法,通常用于测定废水中的溶解氧;但该方法可能存在交叉化学反应,无法得到食品的标准分析结果。膜电极法是一种非常简单的氧传感分析方法,具有快速、准确和对氧具有特异性识别等优点。膜电极表面覆盖有选择性透氧薄膜,常用的膜电极有 Clark 电极,极谱型溶解氧电极（DOP）。

　　极谱型 DOP 一般由黄金（Au）或铂（Pt）作阴极,银（Ag）作阳极。当有电流通过电极时,阴极被电子饱和,即发生电极极化,因此命名为极谱电极（Lee and Tsao 1979）。当氧透过薄膜到达阴极表面时被还原,阴极给出电子,产生的扩散电流与溶解的氧成正比。

　　极谱型 DOP 实际上测量的是氧分压,而不是氧浓度。而决定食品氧化反应速率的也正是氧分压。如果需要用到氧浓度来表示,在已知氧在食品中的溶解度常数的情况下,可以根据亨利定律将氧分压换算为溶液中的氧浓度。

需要注意的是,当食品中存在与氧反应特别迅速的成分时,如抗坏血酸,DOP 读数则难以准确读取(图 5-11)。在无氧化发生情况下,顶隙氧和食品中的氧最终会达到平衡,包装中顶隙氧可以使用常见的氧分析仪来测定。

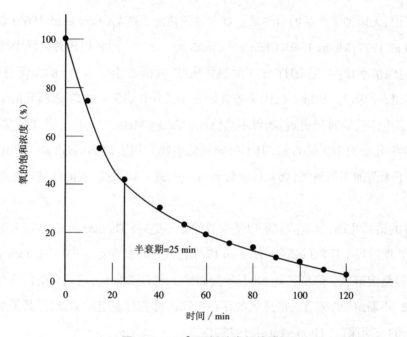

图 5-11 25 ℃下橙汁中氧的消耗

5.2.3.5 减少氧化褐变的方法

显然,降低含氧量是预防无菌加工食品发生氧化褐变最重要的措施。后处理、混合和填充等加工步骤都会造成氧的增加,可以通过以下方法来降低含氧量:加热和 / 或真空显著降低氧载量;采用离心式脱氧器去除夹带的空气;使用乙二胺四乙酸(EDTA)等螯合剂结合金属催化剂;充入氮气、二氧化碳或其他惰性气体以及惰性气体混合物去除顶隙氧;对于某些包装容器,还可采用蒸汽吹扫顶隙后立即密封的方法去除顶隙氧。

为了防止外部渗透氧引起的氧化褐变,应该采用阻隔性能更好的包装材料。在“氧扩散和渗透”一节已提到采用多层 PET 聚合物改善膜对氧阻隔的性能。除了提高聚合物膜本身的阻隔性能,目前还开展了关于使用活性包装方面的研究。例如,与普通聚合物膜和玻璃容器相比,采用含有氧清除剂的活性膜能够有效地防止抗坏血酸氧化褐变(Zerdin et al. 2003; Marchitelli et al. 2004; Ros-Chumillas et al. 2007);生物活性包装是通过固定葡萄糖氧化酶催化 β-D- 葡萄糖氧化,起到清除氧的作用,防止氧的渗透(Andersson et al. 2002)。采用聚合物包装替代传统热加工中的玻璃容器,毫无疑问推动了无菌加工在食品和饮料中的广泛应用。

5.2.4　营养和风味变化

一般来说,无菌加工产品的营养质量好于传统热加工产品(Ford et al. 1969; Burton et al. 1970; Lee et al. 1977; Metha 1980; Chan and Cavaletto 1982)。尽管巴氏杀菌乳中维生素 A 和维生素 D 的保留率稍高,但 UHT 加工对抗坏血酸、叶酸和维生素 B_{12} 的保留更好(Ford et al. 1969; Metha 1980)。与摄入巴氏杀菌乳的新生儿相比,摄入 UHT 杀菌乳的新生儿体重略高,恢复出生体重的时间更短,肠胃不适情况也减少(Metha 1980)。研究还发现 UHT 加工能够减少牛乳中的游离钙含量,但不影响钙的生物利用度(Burton et al. 1970; Ford et al. 1969)。对于无菌加工柑橘类饮料,控制好外部氧的进入和渗透,就能使抗坏血酸的氧化损失最小。

在储存的最初几周,少量溶氧可以使牛乳的味道更好(Thomas et al. 1975),通过氧化作用,去除热处理过程中还原的巯基(Hansen 1987)所带来的"卷心菜"味(Hansen and Swartzel 1982)。但是溶解氧会降低抗坏血酸、叶酸和维生素 B12 含量;它也会给储存超过一个月的牛乳带来"不新鲜"的味道。虽然氧的存在短期内可能有一定的益处,但是低氧更有利于营养和风味的长期保留(Thomas et al. 1975)。

综上,只要加工时间控制适当,且溶解氧保持在最低水平,无菌加工食品的风味质量要优于传统热加工食品(Rolfe 1969)。然而,无菌加工时间很短,在适当加工和过度加工之间缓冲时间非常短,因此很容易因为加工时间没控制好,出现加工过度。当食品和热交换器之间不匹配,热量供给过度时,食品将受到热损伤。

氧化和高温(美拉德)褐变过程中也会伴随着不良风味物质的形成(Zadow and Birtwistle 1973; Thomas et al. 1975),而且异味一般先于颜色褐变出现。通过脱气、惰性气体填充或用蒸汽吹扫去除顶隙氧,将极大地减少氧化风味劣变(Thomas et al. 1975)。在橙汁中,虽然糠醛本身是一种无味的物质(Kanner et al. 1981),但它与异味形成之间密切相关(Nagy and Randall 1973)。同时,糠醛也是抗坏血酸褐变发生的特征中间产物。这说明风味劣变和褐变之间有一个共同的联系——糠醛(DeMan 1976)。食品包装对风味也有影响,风味从食品进入或通过包装材料,被称为"风味剥离"。例如,橙汁中风味化合物 d-柠檬烯能够被聚烯烃膜吸收(Mannheim et al. 1987; Marcy et al. 1989; Baner et al. 1991)。聚合物包装材料不但改变风味强度,也会改变风味特征。因此,改善聚合物包装材料渗透和吸收性能备受研究关注（van Willige et al. 2002）。

在无菌加工中，间接加热或直接蒸汽加热后闪蒸都会造成挥发性风味成分的损失；但同时闪蒸也能驱除不希望的挥发性成分（Bassette and Keeney 1960；Parks et al. 1963；McCarty and Hansen 1978），通过后期喷入灭菌的香精，补充损失的挥发性风味成分；而且，封闭的无菌系统密封了香气和风味挥发物，并极大地减少了金属罐所带来的金属味（Labell 1983）。

5.2.5　天然色素的变化

食品颜色是决定食品可接受性的重要因素之一。除了各种褐变反应会影响无菌加工食品颜色，天然色素的变化也会导致食品颜色发生很大的变化（Schwartz 1992）。一般色素降解褪色在无菌加工和贮藏过程中最先出现，热加工食品中其他变化可能来源于天然色素的特征变化。

叶绿素是由四吡咯构成的卟啉类化合物，是食品中最常见的一类天然色素。叶绿素损失的 E_a 值为 31~92 kJ/mol（表 5-5），属于低 E_a 反应，因此无菌加工过程对有含有叶绿素的食品是非常有利的（Clydesdale 1966；Schwartz and von Elbe 1983；Schwartz and Lorenzo 1991）。然而，研究发现贮藏 3 个月后，无菌加工食品颜色接近于传统热加工食品的颜色，其对颜色的保护优势消失了。这可能是与贮藏过程中有氧条件下，叶绿素不稳定，发生迅速的氧化降解等因素有关。

其他植物色素，如花青素和甜菜色素也不稳定（Simpson et al. 1976）。当温度达到 110 ℃时，这些植物色素发生损失为一级反应动力学。有氧存在会导致热损失增加，并且反应动力学受 pH 影响很大。花青素在 pH3.2 时最稳定，随着 pH 变化，其降解程度增加。

类胡萝卜素是一类天然色素的总称，广泛存在于水果、蔬菜、乳制品、鸡蛋和鱼中，根据其分子组成，可分为含氧类胡萝卜素（叶黄素）和不含氧类胡萝卜素（胡萝卜素，碳氢化合物）。该类色素在热加工过程中稳定，但是在贮藏中会氧化降解；结构中的共轭双键使得类胡萝卜素特别容易发生氧化，生成无色的紫罗兰酮、假紫罗兰酮、二氢猕猴桃内酯等降解产物，参与到美拉德反应中，与剩余的类胡萝卜素共同引起食品褐变。特别是在无菌加工食品中很容易发生这类褐变，需要注意使用低透氧性包装。

5.2.6　测量化学变化的技术

目前，有很多技术方法能够非常有效地测定无菌加工食品中因酶解、热损失和氧化而带来的化学变化。酶活测定法可用于定量分析加工食品中的残留酶活。该测试对目标酶必须具有足够的特异性和反应灵敏性,以达到准确测量食品中少量残留酶活的目的。

褐变可采用分光光度计测定食品的水提物或乙醇提取物的吸光度来进行表征。高效液相色谱(HPLC)有利于分析褐变类型和程度。例如,美拉德反应中间产物羟甲基糠醛可通过 HPLC 定量分析。由褐变引起的颜色变化可用亨特色度计定量;代表明暗度标度的 L 值降低,表明颜色变暗或变褐。此外,还可将分光光度计、高效液相色谱或色度计完成的客观测量与感官评价的主观分析数据关联起来进行分析。

无菌加工食品中抗坏血酸含量变化是影响产品质量和货架寿命的重要因素。果汁中抗坏血酸通常采用 2,6-二氯靛酚(DCPIP)滴定法进行测定(AOAC 2005),抗坏血酸能还原 DCPIP 染料,DCPIP 呈红色,还原后变为无色;当抗坏血酸全部被氧化后,多加半滴染料,使滴定液呈淡粉色即为滴定终点,根据 DCPIP 用量计算抗坏血酸含量。

赖氨酸的营养可利用度可以用其游离 ε-氨基的含量,即有效赖氨酸的含量来表示。在加工或贮藏过程中,当赖氨酸中 ε-氨基与还原糖发生美拉德反应,有效赖氨酸含量减少,吸收利用度将下降,因此会降低其营养价值。通常采用 2,4-二硝基氟苯(FDNB)法测定有效赖氨酸含量。FDNB 与蛋白质发生反应,生成一系列黄色二硝基化合物。

2,4 二硝基氟苯(FDNB)法通常用于测定蛋白质中存在的赖氨酸的营养可利用性。当赖氨酸的 ε-氨基与其他食品成分发生反应时,如发生美拉德反应,赖氨酸的可利用性降低。在测试中,FDNB 与仍然可利用的赖氨酸中任一活性 E 氨基基团发生反应,然后对蛋白质进行酸水解得到一系列黄色二硝基苯基(DNP-)化合物,包括 ε-DNP-赖氨酸,可通过分光光度计进行定量。

气相色谱(GC)可用于跟踪由褐变、氧化或风味剥离而引起的风味变化。如采用 GC 定量分析柑橘类产品中的特殊风味物质柠檬烯的消耗及其氧化产物含量。

5.3　货架寿命

对于玻璃和金属包装容器,通常采用加速货架寿命试验来确定食品货架寿命。如果整个加速货架寿命试验设计合理,试验控制措施得当,可以得到关于货架寿命的有效信息。然而,由于食品体系非常复杂,影响因素很多,加速货架寿命试验得到的结果有时并不可靠。另外即使升高温度加速降解,保藏试验也可能需要几个月;保藏试验还必须在精确控温的房间中进行;最重要的是,当加速试验超过某些反应的活化能阈值后,还会发生通常在室温下无法发生的反应,影响货架寿命评估的准确性。

无菌加工采用具有气体透过性聚合物包装替代金属和玻璃包装,加速货架寿命试验更加容易出错。聚合物膜的透氧性会随着温度的升高而增加,食品货架寿命不仅反映单一变量温度对质量的影响,还反映了温度对聚合物通透性的影响。除了温度的加速作用外,氧气透过率增加也会对货架寿命产生不利影响,导致无法清楚地解释和分析数据。因此,预测货架寿命还需要考虑影响聚合物膜性能的因素变量,如果仅根据高温加速试验数据,预测环境温度下产品的货架寿命,往往会低估了食品在环境温度下的稳定性。

综上,预测货架寿命最好同时考虑聚合物膜和食品特性,如食品和聚合物包装的扩散特性、食品中氧的反应活性以及食品中氧溶解度等。充分考虑了这些影响因素,才能对货架寿命进行合理预测。建立数学模型是预测货架寿命的有利工具。以柑橘产品为例,通过测定褐变程度来跟踪柑橘产品的质量变化,得到该参数在不同温度下的反应速率,并通过数学建模近似预测产品货架寿命(Berk and Mannheim 1986)。

致谢

作者感谢 Joseph E. Marcy 对本章第一版和第二版的编辑工作。

参考文献

Adams, D. M. 1981. The role of heat resistant bacterial enzymes in UHT processing. The occurrence of heat resistant proteases. In *Proceedings of International Conference on UHT Processing and Aseptic Packaging of Milk and Milk Products.* Raleigh, N.C.

Adams, D. M., Barach, J. T., and M. L. Speck. 1975. Heat resistant proteases produced in milk by psychrotrophic bacteria of dairy origin. *J. Dairy Sci.* 58:828.

Adams, J. B. 1978. The inactivation and regeneration of peroxidase in relation to the high-temperature short-time processing of vegetables. *J. Food Tech.* 13:281.

Ames, B. N., F. D. Lee, and W. E. Durston. 1973. An improved bacterial test system for the detection and classification of mutagens and carcinogens. *Proc. Nat. Acad: of Sci.*, *USA* 70: 782.

Anderson, J. E., D. M. Adams, and W. M. Walters Jr. 1983. Conditions under which bacterial amylases survive ultrahigh temperature sterilization. *J. Food Sci.* 48:1622.

Andersson, M. T.S T. Andersson, P. Adlercreutz, T. Nielsen, and E. G. Homsten. 2002. Toward an enzyme-based oxygen scavenging laminate: Influence of industrial lamination conditions on the performance of glucose oxidase. *Biotech. Bioeng.* 79:37.

Andres, C. 1984. Vitamin C—effect of high temperature packaging on retention. *Food Proc.* 45 5:48.

Andrews, A. T. 1975. Properties of aseptically packed ultra-high-temperature milk. III. Formation of polymerized protein during storage at various temperatures. *J. Dairy Res.* 42:89.

Anese, M., and S. Sovrano. 2006. Kinetics of thermal inactivation of tomato lipoxygenase. *Food Chem.* 95:131.

AOAC. 2005. Official Methods of Analysis of AOAC International. 18th ed. AOAC Int., Gaithersburg, MD.

Auldist, M. J., Coats, S. J., Sutherland, B. J., Hard- ham, J. F., McDowell, G. H., Rogers, and G. L. 1996. Effects of somatic cell count and stage of lactation on the quality and storage life of ultra high temperature milk. *J. Dairy Res.* 63:377.

Bancer, A. L., V. Kalyankar, V. and L. H. Shoun. 1991. Aroma sorption evaluation of aseptic packaging. *J. Food Sci.* 56:1051.

Bassette, R., and R. Keeney. 1960. Identification of some volatile carbonyl compounds from non-fat dry milk. *J. Dairy Sci.* 43:1744,

Beeby, R., and G. Luftus Hills. 1962. 16th International Dairy Congress, Copenhagen. B, 1019.

Berk, Z., and C. H. Mannheim. 1986. The effect of storage temperature on quality of citrus products aseptically packed into steel drums. *J. Food Proc. and Preserv.* 10:281.

Berlinet, C., P. Brat, J. Brillouet, and V. Ducruet. 2006. Ascorbic acid, aroma, compound, and browning of orange juices related to PET packaging materials and pH. *J. Sci. Food Agric.* 86:2206.

Borrelli, R. C., C. Mennella, F. Barba, M. Russo, et al. 2003. Characterization of coloured compounds obtained by enzymatic extraction of bakery products. *Food Chem. Toxicol.* 41:1367.

Brands, C. M., G. M. Alink, M. A. Van Boekels and W. M. Jongen. 2002. Mutagenicity of heated sugar-casein systems: Effect of the Mailiard reaction. *J. Agric. Food Chem.* 48:2271.

Burbrink, C. N., and K. D. Hayes. 2006. Effect of thermal treatment on the activation of plasminogen. *Int. Daily J.* 16:580.

Burdurlu, H. S., N. Koca, and F. Karadeniz. 2006. Degradation of vitamin C in citrus juice concentrates during storage. *J. Food Eng.* 74:211.

Burton, H. 1988. *Ultra-high temperature processing of milk and milk, products*. New York: Elsevier Applied Science.

Burton, H., J. E. Ford, A. G. Perkin, J. W. G. Porter, K. J. Scott, S. Y. Thompson, J. Toothill, and J. D. Edwards-Webb. 1970. Comparison of milks processed by the direct and indirect methods of ultra-high temperature sterilization. IV. The vitamin composition of milks sterilized by different processes. *J. Daily Res.* 37:529.

Carlson, V. R. 1984, Current aseptic packaging techniques. Food Technol. 38 (12): 47.

Chan, H. T., and C. G. Cavaletto. 1982. Aseptically packaged papaya and guava puree: Changes in chemical and sensory quality during processing and storage. *J. Food Sci.* 47:1164.

Clegg, K. M. 1964. Nonenzymatic browning of lemon juice. *J. Sci. Food Agric.* 15:878.

Clegg, K. M., and A, D. Morton. 1968. The phenolic compounds of black currant juice and their protective effect on ascorbic acid. *J. Food Technol.* 3:277.

Clydesdale, F. M. 1966. Chlorophyllase activity in green vegetables with reference to pigment stability in thermal processing. Ph.D. diss., University of Massachusetts, Amherst.

Datta, N., and H. C. Deeth. 2001. Age gelation of UHT milk—A review. *Trans. Instil. Chem. Eng.* 79:197.

Datta, N., and H. C. Deeth. 2003. Diagnosing the cause of proteolysis in UHT milk. *Lebensmittel-Wissenschaft und Technologie* 36:113.

David, D., and C. F. Shoemaker. 1985. HTST inactivation of peroxidase in a computer controlled reactor. *J. Food Sci.* 50:674.

Delgado-Andrade, C., and F. J. Morales. 2005. Unraveling the contribution of melanoidins to the antioxidant activity of coffee brews. *J. Agric. Food Chem.* 53:1403.

DeMan, J. M. 1976. Principles of Food Chemistry. Westport, Conn.: AVI.

Doi, H., S. Ideno, F. Ibuki, and M. Kanamori. 1983. Participation of the hydrophobic bond in complex formation between K-casein and β-Iactogiobulin. *Agric. Biol. Chem.* 47:407.

Dulley, J. R. 1972. Bovine milk protease. *J. Dairy Res.* 39:1.

Ellis, C. P. 1959. The Mailiard reaction. In *Advances in carbohydrate chemistry*, vol. 14, ed. M. S. Wolfrom. New York: Academic Press.

Enright, E., and A. L. Kelly. 1999. The influence of heat treatment of milk on susceptibility of casein to proteolytic attack by plasmin. *Milchwissenschaft* 54:491.

Enright, E., A. P. Bland, E. C. Needs, and A. L. Kelly. 1999. Proteolysis and physicochemical changes in milk on storage as affected by UHT treatment, plasmin activity and KIO3 addition. Int. Dairy *J. Int. Dairy J.* 9:581.

Fairbairn, D. J., and B. A. Law. 1986. Proteinases of psychrotrophic bacteria: Their production, properties, effects and control. *J. Dairy Res.* 53:139.

Ford, J. E., J. W. G. Porter, S. Y. Thompson, J. Toothill, and J. Edwards-Webb. 1969. Effects of ultra-high-temperature processing and of subsequent storage on the vitamin content of milk. *J. Dairy Res.* 36:447.

Fox, P. F. 1982. Heat induced coagulation of milk. In *Developments in dairy chemistry*, vol. 1, *Proteins*, ed. P. F. Fox. London: Applied Science Publishers.

Friedman, M. 2005. Food browning and its prevention: An overview. *Adv. Exper. Med. Biol.* 561:135.

Gorner, F., J. Sedlak, J., and J. Haldak. 1978. Sulphur containing compounds and the flavor of UHT milk. *Int. Dairy Congr.* E, 713.

Graumlich, T. R., J. E. Marcy, and J. P. Adams. 1986. Aseptically packaged orange juice and concentrate: A review of the influence of processing and packaging conditions on quality. *J. Agric. Food Chem.* 34:402.

Grufferty, M. B., and P. F. Fox. 1988a. Heat stability of the plasmin system in milk and casein systems. New Zealand *J. Dairy Sci. and Tech.* 23:143.

Grufferty, M. B., and P. F. Fox. 1988b. Factors affecting the release of plasmin activity from casein micelles. New Zealand *J. Dairy Sci. and Tech.* 23:153.

Hansen, A. P. 1987. Effect of ultra-high-temperature processing and storage on dairy food flavor. *Food Tech.* 41:112.

Hansen, A. P., and K. R. Swartzel. 1979. Taste panel testing of UHT fluid dairy products. *J. Food Quality* 4:203.

Harper, K.A., A. D. Morton, and E. T. Rolfe. 1969. The phenolic compounds of black currant juice and their protective effect on ascorbic acid. III. The mechanism of ascorbic acid oxidation and its inhibition by fiavonoids. *J. Food Technol.* 4:255.

Harwalkar, V. R. 1982. Age gelation of sterilized milks. In *Developments in dairy chemistry*, vol. I, *Proteins*, ed. P. F. Fox. London: Applied Science Publishers.

Hodge, J. E. 1953. Chemistry of browning reactions in model systems. *J. Agric. Food Chem.* 1:

928.

Hodge, J. E. 1967. Origin of flavors in foods: Nonenzymatic browning reactions. In *Chemistry and physiology of flavors*, ed. H. W. Schultz, E. A. Day, and L. M. Libbey. Westport, Conn.: AVI.

Hollingsworth, D. F.s and P. E. Martin. 1972. Some aspects of the effects of different methods of production and of processing on the nutritive value of food. *World Rev. Nutr. Diet.* 25:1.

Humbert, G., and C. Alais. 1979. Review of the progress of dairy science: The milk proteinase system. *J. Dairy Res.* 46:559.

Jeon, I. J., E. L. Thomas, and G. A. Reineccius. 1978. Production of volatile flavor compounds in ultra-high-temperature processed milk during aseptic storage. *J. Agric. Food Chem.* 26: 1183.

Johnson, R. L., and R. T. Toledo. 1975. Storage stability of 55 Brix orange juice concentrate aseptically packaged in plastic and glass containers. *J. Food Sci.* 40:433.

Joslyn, M. A. 1957. Role of amino acids in the browning of orange juice. *Food Res.* 22:1.

Kanner, J.s J. Fishbein, P. Shalom, S. Harel, and I. Ben-Gera. 1982. Storage stability of orange juice concentrate packaged aseptically. *J. Food Sci.* 47:429.

Kanner, J., S. Harel, Y. Fishbein, and P. Shalom. 1981. Furfural accumulation in stored orange juice concentrates. *J. Agric. Food Chem.* 29:948.

Kelly, A. L., and J. Foley. 1997. Proteolysis and storage stability of UHT milk as influenced by milk plasmin activity, plasmin β-lactoglobulin complexation, plasminogen activation and somatic cell count. *Int. Dairy J.* 7:411.

Kennedy, A., and A. L. Kelly. 1997. The influence of somatic cell count on the heat stability of bovine milk plasmin activity. *Int. Dairy J.* 7:717.

Kim, S. B., L. S. Kim, D. M. Yeum, and Y. H. Park. 1991. Mutagenicity of Maillard reaction products from D-glucose-amino acid mixtures and possible roles of active oxygen in the mutagenicity. *Mutation Res.* 254:65.

Kirk, J. R., T. I. Hendrick, and C. M. Stine. 1968. Gas chromato-graphic study of flavor determination in HTST fluid sterile milk. *J. Dairy Sci.* 51:492.

Kohlmann, K. L., S. S. Nielsen, and M. R. Ladisch. 1991a. Purification and characterization of an extracellular protease produced by pseudomonas fluorescens M3/6. *J. Dairy Sci.* 74: 4125.

Kohlmann, K. L., S. S. Nielsen, and M. R. Ladisch. 1991b. Effects of law concentration of a low concentration of added plasmin on ultra- high-temperature processed milk. *J. Dairy Sci.* 74:1151.

Kurata, J., and Y. Sakurai. 1967. Degradation of L-ascorbic acid and mechanism of nonenzymatic browning reaction, pt. 3, Oxidative degradation of L-ascorbic acid (degradation of dehydro-L- ascorbic acid). *Agric. Biol. Chem.* 31:177.

Labell, F. 1983. Milkshake-like beverages in shelf stable aseptic packaging. *J. Food Prot.* 44 13: 82.

Lee, H., M. Y. Lin, and N. J. Hao. 1995. Effects of Maillard reaction products on mutagen formation in boiled pork juice. *Mutagenesis* 10:179.

Lee, H. L., and G. T. Tsao. 1979. Dissolved oxygen electrodes. *Adv. Biochem. Eng.* 13:34.

Lee, Y. C., J. R. Kirk, C. L. Bedord, and D. R. Heidman. 1977. Kinetics and computer simulation of ascorbic acid stability of tomato juice as function of temperature, pH and metal catalyst. *J. Food Sci.* 42:640.

Lu, D. D., and S. S. Nielsen. 1993. Heat inactivation of native plasminogen activators in bovine milk. *J. Food Sci.* 58:1010.

Lund, D. B. 1975a. Effects of heat processing on nutrients. In *Nutritional evaluation of food processing.* 2nd ed., ed. R. S. Harris and E. Karmas. Westport, Conn.: AVI.

Lund, Daryl. 1975b. Heat processing. In *Principles of food science*, part II. *Physical principles of food preservation*, ed. M. Karel, O. R. Fennema, and D, B. Lund. New York: Marcel Dekker.

Mannheim, C. H., J. Miltz, and A. Letzter. 1987. Interaction between polyethylene laminated cartons and aseptically packed citrus juices. *J. Food Sci.* 52:737.

Marchitelli, A. B., P. Tamagnone, and M. A. Del Nobile. 2004. Use of active packaging for increasing ascorbic acid retention in food beverages. *Food Eng. and Phys. Prop.* 69, E502.

Marcy, J. E., A. P. Hansen, and T. R. Graumilch. 1989. Effect of storage temperature on the stability of aseptically packaged concentrated orange juice and concentrated orange drink. *J. Food Sci.* 54:227.

Marko, D., M. Habermeyer, M. Kemeny, U. Weyand, E. Niederberger, O. Frank, and T. Hofmann. 2003. Maillard reaction products modulating the growth of human tumor cells in vitro. *Chemical Research in Toxicology* 16:48.

McCarty, W. O., and A. P. Hansen. 1978. The effects of ultra-high-temperature steam injection processing on the quantity and composition of carbonyls present in milk fat. *J. Dairy Sci.* 61:113.

Metha, R. S. 1980. Milk processed at ultra high temperatures—A review. *J. Food Prot.* 43 3: 212.

Moller, A. B., A. T. Andrews, and G. C. Cheeseman. 1977a. Chemical changes in ultra-heat-treated milk during storage: I. Hydrolysis of casein by incubation with pronase and a peptidase mixture. *J. Dairy Res.* 44:259.

Moller, A. B., A. T. Andrews, and G. C. Cheeseman. 1977b. Chemical changes in ultra-heat-treated milk during storage: II. Lactuloselysine and fructoselysine formation by the Mallard reaction. *J. Daily Res.* 44:267.

Moller, A. B., A. T. Andrews, and G. C. Cheeseman. 1977c. Chemical changes in ultra-heat-treated milk during storage: III. Methods for the estimation of lysine and sugar-lysine derivatives formed by the Maillard reaction. *J. Dairy Res.* 44:277.

Morales, F, J., and S. Jimenez-Perez. 2004. Peroxyl radical scavenging activity of melanoidins in aqueous systems. European. *Food Res. Tech.* 218:515.

Mottar, J. 1981. Heat resistant enzymes in UHT milk and their influence on sensoric changes during uncooled storage. *Milchwissenschaft* 36:87.

Nagy, S., and V. Randall. 1973. Use of furfural as an index of storage temperature abuse in commercially processed orange juice. *J. Agric. Food Chem.* 21:272.

Namiki, M., and T. Hayashi. 1983. A new mechanism of the Maillard reaction involving sugar fragmentation and free radical formation. In *The Maillard reaction in foods and nutrition.* American Chemical Society Symposium series, vol. 215, ed. G. R. Waller and M. S. Feather, 1-46. Washington, D.C.: American Chemical Society.

Newstead, D. F., G. Paterson, S. G. Anema, C. J. Coker, and A. R. Wewala. 2006. Plasmin activity in direct-steam-injection UHT-processed reconstituted milk: Effects of preheat treatment. *Int. Dairy J.* 16:573.

Parks, O. W., M. Keeney, and D. P. Schwartz. 1963. Carbonyl compounds associated with the off flavor in spontaneously oxidized milk. *J. Dairy Sci.* 46:295.

Payens, T. A. J. 1978. On different modes of casein clotting: the kinetics of enzymatic and non-enzymatic coagulation compared. *Neth. Milk Dairy J.* 32:170.

Pokorny, J. 1981. Browning from lipid-protein interactions. *Prog. Food. and Nutr. Sci.* 5:421.

Prado, B. M.s S. E. Sombers, B. Ismail, and K. D. Hayes. 2006. Effect of heat treatment on the activity of inhibitors of plasmin and plasminogen activator in milk. *Int. Dairy J.* 16:593.

Reynolds, T. M. 1963. Chemistry of nonenzymatic browning. I. The reaction between aldoses and amino. In *Advances in Food Research*, vol. 12. New York: Academic Press.

Richardson, B. C. 1983. The proteinases of bovine milk and the effect of pasteurization on their activity. New Zealand *J. Dairy Sci. and Tech.* 18:233.

Rojas, A. M., and L. N. Gerschenson. 1997. Ascorbic acid destruction in sweet aqueous model systems. *Lebensmittel-Wissenschaft und Technolosie* 30:567.

Rojas, A. M., and L. N. Gerschenson. 2001. Ascorbic acid destruction in aqueous model systems: An additional discussion. *J. Sci. Food Agric.* 81:1433.

Rolfe, E. 1969. Characteristics of preservation processes as applied to proteinaceous foods. In *Proteins as human foods*, ed. R. A. Lanre. London: London Butterworths.

Ros-Chumillas, M., Y. Belissario, A. Iguaz, and A. Lopez. 2007. Quality and shelf life of orange juice aseptically packaged in PET bottles. *J. Food Eng.* 79:234.

Saeman, A. I.; R. J. Verdi, D. M. Galton, D. M. Barbano. 1988. Effect of mastitis on proteolytic activity in bovine milk. *J. Dairy Sci.* 71:505.

Samel, R., R. W. V. Weaver, and D. B. Gammack. 1971. Changes on storage in milk processed by ultra-high-temperature sterilization. *J. Dairy Res.* 38:323.

Scanlan, R. A., R. D. Lindsay, L. M. Libbey, and E. A. Day. 1968. Heat induced volatile compounds in milk. *J. Dairy Sci.* 51:1001.

Schwartz, S. J. 1992. Quality considerations during aseptic processing of foods. In *Advances in aseptic processing technologies*, ed. R.K. Singh and P. E. Nelson. New York: Elsevier Applied Science.

Schwartz, S. J., and T. V. Lorenzo. 1991. Chlorophyll stability during continuous aseptic processing and storage. *J. Food Sci.* 56:1059.

Schwartz, S. J., and J. H. von Elbe. 1983 . Kinetics of chlorophyll degradation to pyropheophytin in vegetables. *J. Food Sci.* 48:1303.

Shaw, P. E., J. E. Tatum, and R. E. Berry. 1977. Non-enzymatic browning in orange juice and in model systems. In *Development in food carbohydrates*, vol: 1, ed. G. G. Birch and R. S. Shallenberger, chap. 6, p. 91. London: Applied Science Publishers.

Simpson, K. L., T. C. Lee, D. B. Rodriguez, and C. O. Chichester. 1976. Metabolism in senes-cent and stored tissues. In *Chemistry and biochemistry of plant pigments*, 2nd ed., vol. 1, ed. T. W. Goodwin. New York: Academic Press.

Smits, P., and J. H. van Brouwershaven. 1980. Heat- induced association of β-lactoglobulin and casein micelles. *J. Dairy Res*. 47:313.

Snoeren, T. H. M., and P. Both. 1981. Proteolysis during the storage of UHT-sterilized whole milk. Experiments with milk heated by the indirect system for 4 s at 142 ℃. *Neth. Milk Dai-ly J.* 35:113.

Snoeren, T. H. M., C. A. van der Spek, R. Dekker, and P. Both. 1979. Proteolysis during the storage of UHT-sterilized whole milk. I. Experiments with milk heated by the direct system for 4 seconds at 142℃ . *Neth. Milk Daily J.* 33:31.

Solyakov, A., K. Skog, and M. Jagerstad. 2002. Binding of mutagenic/carcinogenic heterocyclic amines to MRPs under stimulated gastrointestinal conditions. In *Melanoidins in food and health*, vol. 3, ed. V. Fogliano and T. Henle, 195-197. Luxembourg: Office for Official Publications of the European Communities.

Somoza, V., M. Lindenmeier, E. Wenzel, O. Frank, et al. 2003. Activity-guided identification of a chemopreventive compound in coffee beverage using in vitro and in vivo techniques. *J. Agric. Food Chem.* 51:6861.

Sørhaug, T., and L. Stepaniak. 1997. Psychrotrophs and their enzymes in milk and dairy prod-ucts: Quality aspects. A review. *Trends Food Sci. Tech*, 8:35.

Stadtman, E, R. 1948. Nonenzymatic browning in fruit products. Jn *Advances in food research*, vol. 1, ed. E. M. Mrak and G. F. Stewart. New York: Academic Press.

Taylor, J. L. S., J. C. R. Demyttenaere, K. Abbaspour Tehrani, C. A. Olave, L. Regriiers, L. Verschaeve, A. Maes, E. E. Elgorashi, J. van Staden, and N. De Kimpe. 2004. Genotoxici-ty of melanoidin fractions derived from a standard glucose/ glycine model. *J. Agric. Food Chem.* 52:318.

Temstrom, A., A. M. Lindberg, and G. Molin. 1993. Classification of the spoilage flora of raw and pasteurized bovine milk, with special reference to Pseudomonas and Bacillus. *J. Appl Bact.* 75:25.

Thomas, E. L., H. Burton, J. E. Ford, and A. G. Perkin. 1975. The effect of oxygen content on flavour and chemical changes during storage of whole milk after UHT processing. *J. Dairy*

Res. 42:285.

Toledo, R. T. 1986. Post processing changes in aseptically packed beverages. *J. Agric. Food Chem.* 34:405.

Tombs, M. P. 1969. Alterations to proteins during processing and the formation of structures. In *Proteins as human foods*, ed. R. A. Lanre. London: London Butterworths.

Tressl, R., C. Nittka, and E. Kersten. 1995. Formation of isoleucine specific Maillard products from [l-13C]-D-glucose and [I-13C]-D-fructose. *J. Agric. Food Chem.* 43:1163.

Turner, L. G., H. E. Swaisgood, and A. P. Hansen. 1978. Interaction of lactose and proteins of skim milk during ultra-high-temperature processing. *J. Daily Sci.* 61:384.

van Willige, R. W. G., J. P. H. Linssen, M. B. J. Meinders, H. J. van der Stege, and A. G. J. Voragen. 2002. Influence of flavour absorption on oxygen permeation through LDPE, PP, PC, PET plastics food packaging. *Food Additives and Contaminants* 19:303.

Vazquez-Landaverde, P. A., G. Veazquez, J. A. Torres, and M. C. Qian, 2005. Quantitative determination of thermally derived off-flavor compounds in milk using solid-phase microextraction and gas chromatography. *J. Dairy Sci.* 88:3764.

Visser, S. 1981. Proteolytic enzymes and their action on milk proteins–A review. *Neth. Milk Daily J.* 35:65.

Wagner, K., S. Reichhold, K. Koschutnig, S. Cheriot, and C. Biilaud. 2007. The potential antimutagenic and antioxidant effects of Maillard reaction products used as "natural antibrowning" agents. *Mol. Nutr. Food Res.* 51:496.

Wenzel, E. S. Tasto, H. F. Erbersdobler, and V. Faist. 2002. Effect of heat-treated proteins on selected parameters of the biotransformation system in the rat. *Annals Nutr. Metabol.* 46:9.

Wong, D. W. S., W. M. Camirand, and A. E. Pavlath. 1996. Structures and functionalities of milk proteins. *Crit. Rev. Food Sci. Nutr.* 36:807-844.

Zadow, J. G., and R. Birtwistle. 1973. The effect of dissolved 02 on the changes occurring in the flavour of ultra-high-temperature milk during storage. *J. Dairy Res.* 40:169.

Zadow, J. G., and F. Chituta. 1975. Age gelation of ultra-high-temperature milk. *Aust. J. Dairy Technol.* 104.

Zerdin, K., M. Rooney, and J. Vermue. 2003. The vitamin C content of orange juice packed in an oxygen scavenger material. *Food Chem.* 82:387.

第6章　无菌包装技术

John D. Floros, Ilan Weiss, and Lisa J. Mauer

高文华　编译

包装是食品生产工艺过程中必不可少的一部分。食品包装有助于:保障食品安全,加强和保持食品从农场或工厂到消费者手中的品质,建立全球市场,减少世界食品供应的废弃物。开发一种成功的食品包装需要食品科学家、食品技术人员、包装工程师和市场专家共同努力。在介绍无菌包装的历史之后,本章讨论无菌包装的基本原则和技术。为了达到介绍的目的,本章提供了一些有关包装和包装开发的基本信息。这项工作主要强调包装材料的种类与性能,以及组成无菌包装的复合结构的可用性,包装形成的方法与原则,目前使用的无菌包装系统的种类和操作原则,以及包装完整性问题。

6.1　无菌包装的历史

无菌包装属于食品包装的领域。在商业上,食品和包装要在无菌环境下分别进行杀菌。无菌加工和包装技术自其 20 世纪 40 年代问世以来,出现了巨大的和持续的增长,且取得了显著的进步(Reuter 1989a; Stevenson and Ito 1991)。第一个商业认可的多尔(Dole)无菌罐藏系统已不再是无菌加工和食品包装的主要选择。现在已经出现了多种新的和技术更先进的系统。更新的系统能够将高酸或低酸食品灌装到价格较低的包装中,如塑料或层压容器。为了满足消费者对于食品方便、美味、营养和不添加防腐剂的持续要求,美国无菌包装系统和无菌容器的数量每年都在增长。

20 世纪 60 年代,无菌包装的消费规模随着欧洲的牛乳行业的发展而扩大。当时的欧洲缺乏商业制冷能力,无法成功地将牛乳从农村奶牛场运往城市中心。因此,需要采取新方法应对这一挑战。第一个无菌销售包装类似于“砖”的形状而称为“Brix”。这个新包装除了具有货架稳定性的优势外,还很容易堆叠,在食品店里占用的货架空间明显减少。这是一个立竿见影的成功,食品行业很快想到对新产品使用无菌包装。

20 世纪 70 年代,无菌散装储存技术得到改进与完善,它首先使用了 208 L 的桶,然后使用了 1 136 L 的柔性袋,最后使用了无菌散装储罐。无菌散装储存技术取代了传统的浓缩或冷冻方法保存番茄酱、橙汁等商品。现在世界各地将无菌散装储存技术用于运输价值数百万美元的食品。船舶安装无菌罐把橙汁从巴西运往欧洲。无菌袋装的西番莲果浆在哥伦比亚灌装,在美国和欧洲分销,满足了人们不断增长的对于异国风味的需求。随着消费者对新产品的需求不断增加,食品生产商为了不断地满足这些需求,无菌包装技术的应用也将持续增长。

6.2　包装的功能与目标

包装公认的基本功能适用于大多数复杂的无菌包装。任何时候,食品包装都必须为其包装的食品提供容纳、保护和保藏的功能,并充分告知消费者其内装物的信息(Paine and Paine 1983; Rees and Bettison 1991)。将食品、包装和环境视为同一系统的 3 个相互关联的组成部分,就能更好地解释和理解食品从其包装获取的保护功能,如图 6-1 所示。

食品	包装	环境
水分	阻隔性能	微生物
碳水化合物	机械性能	其他气体、气味等
蛋白质	化学性能	湿度
酶	密封性能	温度
脂质	产品相容性	光
维生素	法规要求	机械要求
矿物质	成本	昆虫
挥发成分		动物
		环境问题
		消费者滥用、误用
		窃取
		吸引力
		方便性
		价格

图 6-1　简化的食品包装环境系统及其组成部分

很明显,每种食品成分都容易受到某些环境因素的影响。例如,如果包装的阻氧性不足以满足产品货架寿命所需,脂类和维生素类食品就可能会被大气中的氧气氧化和破坏。同样,如果光接触到食品中的脂类,也可能出现酸败问题。水蒸气可能导致食品营养物质和感官特性衰退,这取决于食品的水分活性 / 含水量和环境湿度。其他一些环境因素也能够引起食品变质(表 6-1)。因此,在选择食品包装时,必须考虑包装的阻隔性能、化学成分和物理结构。包装上印刷充分明确的信息也是包装不容忽视的重要功能。

表 6-1　引起食品变质的一些环境因素和包装的保护作用

环境因素	对食品变质的影响	包装的保护性能
氧气	氧化反应、脂质氧化、维生素破坏、风味损失、蛋白质损失、色素变化	阻氧性
水分	营养质量损失、感官变化、褐变反应、脂质氧化	阻湿性
光	氧化、酸败、维生素破坏、蛋白质和氨基酸变化、色素变化	阻光性
微生物和大生物(动物和植物)	食品变质、营养物质和质量损失、潜在的健康危害	密封容纳
机械损伤:跌落、压缩、振动、磨损、野蛮装卸等	由密封失效、针孔、弯折开裂等引起的感官腐败和其他质量变化	机械性能,密封性能
异味物质和有毒化学品	形成异味、口感变坏、化学变化、毒性危害	阻隔性能,耐化学性能
窃取	产品缺失、质量变化、潜在的健康危害	防窃取,窃启显示,防破坏
消费者搬运、滥用、误用	产品缺失、质量变化、营养变化、感官变化、潜在的健康危害	机械性能,清晰的信息与标贴

对于大多数食品,包装的主要目标是确保产品的安全,并将其在良好的状态下保藏,达到预期的货架寿命。包装还应使食品在整个搬运和运输链中的损耗量最小。除了主要目标和基本功能外,食品包装还必须具备便利、成本效益、消费者吸引力和环境兼容性等优势。为实现这些目标,食品制造商和包装供应商应促进新材料、新方法、新技术和新设备的开发。因此,食品包装可以定义为一个复杂的动态系统,旨在安全地制造、运输、分销、储存、零售、搬运和终端使用,并将这些食品以良好的状态和质量安全地送到消费者手中。

无菌包装必须满足上述所有目标和功能,但与其他传统的食品包装方法不同,因为产品和包装或包装材料进行连续单独灭菌(图 4-1)。在无菌条件下,将商业无菌和冷却产品装入无菌包装并密封,生产耐贮存的最终产品,可延长货架寿命且无须冷藏。

无菌加工与包装的优势包括(Hersom 1985;Lopez 1987;Reuter 1989)以下方面。

(1)由于使用连续灭菌,避免所有容器内灭菌系统常见的过度加工,使食品的营养和感官特性保持最高水平。

(2)有机结合高度无菌、优良的初始品质,采用阻氧气、阻水分、阻光的保护性包装和先进的包装技术,如顶隙充入惰性气体或消除顶隙;达到延长产品的货架寿命的目的。

(3)由于可以选择室温存储,使用可形成各种形状和尺寸的功能性包装材料,可微波加热,易于开启和倾倒等,显著地提高消费者使用的便利性。

（4）由于灭菌、加工、包装、储存和运输所需的能源较少,最大限度地降低了最终产品的总体成本。

6.3　包装的开发

有效的包装开发从开始就要考虑总的包装目标和包装在任一产品/包装/环境系统中所具有的保护作用。在任何包装开发项目中,必须获得以下方面的知识和明确的信息:①食品的特性;②环境、运输和配送的危害;③市场;④包装材料、包装机械和包装技术。以下将进一步详细介绍上述各项要素,重点是各项要素在产品货架寿命和货架寿命测试中的作用,因为许多无菌加工与包装的食品都要长时间储存。

6.3.1　食品的特性

食品包装者必须明确地了解以下至关重要的特性:①产品的物理状态。如液体、黏性液体、固液混合体、牢固性或易碎性等;②一般化学性质,如组成、高酸或低酸、腐蚀性、挥发性、气味性、易腐性等;③微生物的情况;④测定产品的初始品质水平,并且必须在感官上或间接地确定最低可接受的品质;⑤产品对所有可能因素的敏感性。如果可能,应该对劣化速率进行数学建模。加速或其他货架寿命测试是深入了解产品的弱点和优势的良好方式,并可以建立货架寿命的仿真模型。然而,除非与已知的初始和限制质量水平联系起来,例如,氧气或水分的影响,否则敏感性和变质率毫无意义(Gyeszly 1991)。产品在给定的配送环境和包装系统中的货架寿命取决于初始条件(质量)和可接受质量限值之间的差异。增加这种差异将延长产品的货架寿命或降低包装阻隔要求。

上述每个因素及其组成都代表一种成本。包装开发的目标是找到最佳组合,从而实现最低的成本。最常见的方法是先确定指定的产品和指定的配送环境,将其包装设计得能够达到预期的货架寿命。因此,可用的选择有限。如果改变最初的质量或配送环境比使用更具保护性的包装更经济,就应该进行这样的选择(Gyeszly 1991)。

6.3.2　环境、运输和配送危害信息

包装开发过程的主要问题是缺乏运输和配送环境的数据,因此,很有必要获得运输方法和运输持续时间以及可能的储存条件的信息,重要的是包装必须承受的环境和机械损害。

与延长货架期(ESL)产品和巴氏杀菌产品相比,存储无菌加工与包装食品的优势在于不需要冷藏。然而,这并不意味着仓库和配送渠道不需要控制温度和湿度。温度和湿度的变化对产品货架寿命和包装完整性会产生不利影响。垂直方向、水平方向或包装间的相互影响;贮存、运输或固定过程中的压力;由于振动引起的弯曲;与搬运设备表面接触造成的磨损也可能会对包装产品产生不利影响,并可能显著缩短其货架寿命(Paaine and Paaine 1983)。在配送过程中可能会发生严重变形、戳穿、开裂、形成针孔或密封失效等损坏。有关机械环境、温度和湿度的信息至关重要,因为这 3 个因素都会降低包装的阻隔性能,从而缩短产品的货架寿命。

如果实在无法使用或不能很容易地归纳总结实际数据,则建议根据统计数据和概率来估计配送环境。例如,根据温度变化和持续时间,可以估计特定产品包装组合的货架寿命(Gyeszly 1991)。对货架寿命预测系统建模的主要优点是通过提供评估选择的机会来帮助人们作出技术和业务决策。由于建模过程中使用了大量的假设,通过实际实验验证建模结果至关重要,必须分析误差,预测模型的有效性。

6.3.3　营销信息

从营销的角度来看,专家们很容易认为包装是产品成功的最重要因素之一。有些人认为它和广告一样重要,甚至比广告更重要。但与广告不同的是,包装策略和包装决策的规划通常会影响许多其他操作(Harckham 1989)。包装策略是一个整体规划,汇集了所有的包装功能,并解决公司、消费者和零售商考虑的问题。

在制定包装战略时,必须首先确定项目目标,并收集和分析以下信息(Harckham 1989)。

(1)消费者的需求、预期、生活方式、购买动机、预期产品使用等。

(2)商店类型和位置、货架期等零售环境。

(3)产品的优势和弱势。

(4)材料、设计、尺寸、成本、便利性、功能性、吸引力等包装的选择。

(5)产品名称、标志和法律要求等标签注意事项。

6.3.4　包装信息

包装系统由一级、二级和三级包装容器、包装设备和包装操作组成。以下因素对包装开发非常重要。

（1）包装材料的类型和机械、化学、阻隔、密封等性能。

（2）包装和灌装机械的技术性、效率性、产能、预测停机时间和可靠性。

（3）采购、安装和生产相关的成本。

包装材料、包装设备和包装操作是影响产品货架寿命的因素。如果加工不会激活微生物和酶，那么食品的货架寿命在很大程度上取决于如温度、氧气、光线、湿度等环境条件和免受污染的保护，所以包装的阻隔性和完整性非常重要。如果使用阻隔包装，用氮气等惰性气体充入氧敏感产品的顶部空间可以延长货架寿命。包装材料、生产设备和操作之间的相互作用影响包装的功能和完整性。使用相同充氮方式的产品，只有在包装密封且无缺陷的情况下，包装设计和顶层空间充氮操作才会有效。如果给定的包装系统形成牢固的密封，在运输和配送过程中能够抵抗故障或窜流，包装产品的保质期将优于密封薄弱的包装。由于流动而非渗透造成分子通过针孔的运动，故针孔的形成也是必须解决的问题。因此，最好使用生产线上生产的包装，而不是从小型实验室设备中获得的样品进行货架寿命测试。还应对暴露在配送环境应力下的包装材料进行渗透性和完整性研究。

无菌工艺中使用的包装和食品接触表面的灭菌必不可少。应注意最大限度地减少包装材料上微生物污染的初始水平。包装材料的各种灭菌技术有：辐照、加热、化学处理及其组合。本书第 4 章由 Robertson（ 2006 ）介绍了灭菌技术。简单地说，尽管法规可能限制某些灭菌技术，但以下灭菌技术可适用于无菌包装材料；表 6-2 提供了详细的信息。

（1）加热：饱和蒸汽、过热蒸汽、热空气、热空气和蒸汽、挤出。

（2）辐照：电离辐射、脉冲光、短波紫外线辐射。

（3）化学处理：过氧化氢、过氧乙酸。

表 6-2　无菌包装的灭菌方法

方法	系统举例	备注	参考文献
机械法（过程） —水冲洗 —鼓风 —刷洗 —超声波 —其它	无菌罐、周转容器、大罐、车厢罐、其它散装容器	用于初步预清洗和减少初始微生物数量	Loncin and Merson 1979; Han 1980; Garcia et al. 1989;Reuter 1989a

方法	系统举例	备注	参考文献
热法 —饱和蒸气 —过热蒸气 —热风 —热风和蒸气混合物 —包装挤出成型过程的热量	Hassia,Dole,Gasti,Bosch,桶、周转容器等散装无菌容器和系统 Sidel, Remy, Erca/Continental Can(Conoffast)	使用高温。与热敏塑料不兼容 可在不使用化学品或额外加热的情况下实现灭菌	Hensom 1985; Amman 1989; Reuter 1989b; Anonymous 1990; Hersom 1985; Mechura 1989; Reuter 1989b; Anonymous 1990
辐照法 —电离辐射(β 或 γ 射线) —红外线 —紫外线	FranRica, Scholle, LIqui-Box, Liquipak,ELPO	用于热敏包装材料的灭菌。适用于箱中袋系统的袋灭菌。与其它方法结合使用	Bayliss and Waites, 1982; Kodera 1983; Stannard et al. 1983 Banerjee and Cheremisinoff,1985
化学法 —过氧化氢 —其它(过氧乙酸、乙酸、臭氧、酒精、环氧乙烷、氯气、卤素等)	Thimmonier, Prepac, Berto, Benco, Micron-Formpak, Gasti, Tetra Pak, DuPont, International Paper, Inpaco,Thermo-forming,Hamba, Ampack 使用柠檬酸酸化热水进行交叉检验	目前为止最为流行的灭菌方法。相对快速、高效 这些化学杀菌剂中的大多数(少数例外)或未经批准用于无菌包装系统,或效率不高	Wallen and Walker, 1980; Smith and Brown, 1980; Perkin, 1982; Stevenson and Shafer, 1983; Stannard et al. 1983; Leaper, 1984a; Wang and Toledo, 1986; Reuter, 1989b;Turtschan,1989
组合 —过氧化氢 / 加热 —过氧化氢 /UV —其它(超声波 / 过氧化氢、酒精 /UV、超声波 / 加热、过氧乙酸 / 过氧化氢、过氧乙酸 / 酒精等)	使用过氧化氢作为杀菌剂的系统使用加热提高系统效率和干燥包装。	流行、高效、快速的方法 实现了过氧化氢热和紫外线之间的协同作用。 有些组合可能有潜在的应用。	Bayliss and Waites, 1982; Stannard et al. 1983; Waites et al. 1988; Bayliss and Waites, 1979a; Bayliss and Stannard et al. 1983; Waites et al. 1988.

6.3.5　总体系统方法

　　由上述对包装开发的评述得到结论:必须采取综合办法收集和分析信息。通过对产品特性、包装系统和环境同时进行建模,确定最佳系统。总体系统方法包括根据市场分析制定切合实际的包装策略,使产品获得预期货架寿命所需的特性,形成成功的具有成本效益的整体方案。

6.4　无菌加工食品包装材料

　　传统的食品热加工的包装材料受到热灌装和对灭菌温度稳定的限制。高温灭菌方法对容器提出了苛刻的结构和机械要求,容器还要具有冷却时产生的真空度所需的机械性能。

尽管已经取得了一些技术进步,特别是蒸煮袋和 PET 饮料瓶,但许多传统热加工的耐贮存商业无菌产品还应用金属或玻璃容器包装。

在无菌包装中,对包装材料单独在相对较低的温度下进行灭菌,可以在不牺牲产品质量的情况下使用多种柔性聚合物材料和半刚性的纸 / 铝 / 塑复合材料。使用塑料或复合材料无菌包装食品,而不是金属或玻璃容器,最重要的动机是大幅降低包装成本。替代材料的选择使包装材料更薄,用塑料代替金属或玻璃时可减少包装的质量,使用矩形包装取代圆形瓶和罐可以最大限度地利用运输容积,所有这些都有助于减少包装和运输的费用。

6.4.1　聚合物包装材料的性能

与金属和玻璃不同,塑料和层压塑料结构并不能完全阻隔气体、水分或挥发性香气化合物。第 7 章将介绍每种塑料需要考虑的特性。塑料的标准术语的定义一般参考美国测试与材料学会 ASTM D 883-00。对于无菌加工与包装的特定应用,以下材料的性能至关重要。

6.4.1.1　气体和水蒸气阻隔性

在实际应用中,阻隔特性包括 2 种扩散机制:①渗透性,如通过微孔的分子运动扩散和渗透;②流经包装材料中的缺陷,如微孔或大通道、针孔、裂纹、密封处(Robertson 2006)。在没有包装缺陷或瑕疵的情况下,气体和水蒸气在包装中的运动受渗透性的影响,而渗透性又受以下聚合物特性和条件的影响: 结晶度、极性、玻璃态转化温度、渗透剂的大小、形状和极性、温度和压力(Pascat 1986; Sperling 1992; Robertson 1993)。渗透性的简单描述包括 4 个步骤:①在聚合物表面吸收渗透物;②聚合物基体中的渗透溶解;③通过聚合物沿浓度梯度扩散渗透;④从其他聚合物表面的解吸渗透(Ashley 1985)。内包装表面和外包装表面的吸附和解吸受亨利定律的制约。通过包装材料的渗透扩散是由菲克定律决定的。渗透系数可以由以下等式描述(Crank 1975):

$$P=DS$$

式中　P——渗透系数,在稳定状态下通过薄膜的总物质;

　　　D——扩散系数,衡量在塑料聚合物中渗透分子移动速度的指标;

　　　S——溶解度系数,衡量塑料聚合物中渗透分子的运动数量。

渗透的驱动力是包装一侧到另一侧氧气、水蒸气等渗透物的浓度差。

根据食品的性质、贮存时间、配送环境和预期货架寿命,包装材料可能需要提供较高的阻氧性,例如,将氧气阻隔性提高一倍能够延长一倍产品的货架寿命。渗透包装的氧气会导致变质,如脂质和维生素氧化(表 6-1)。另一方面,在加工和包装操作过程中在包装中填充二氧化碳和氮气等惰性气体,以取代氧气,减少氧化变质,必须在容器中尽可能长时间地保留惰性气体(Hahn 1989)。同样,为了避免过度散失水分,而致内容物变干,必须使用具有高水蒸气阻隔性能的塑料材料。

表 6-3 列出了目前无菌包装的几种聚合物材料对于 O_2、CO_2、N_2 等气体和水蒸气的渗透性,其中聚偏氯乙烯(PVDC)和乙烯 – 乙烯醇共聚物(EVOH)阻气性最好。其他聚合物,如 PET 和一些丙烯酸和尼龙也是阻氧和阻气很好的材料。就水蒸气阻隔性能而言,PVDC 的水蒸气渗透性非常低,保护性能优良。同样,所有聚烯烃水蒸气阻隔性都很好,尤其是高密度聚乙烯(HDPE)和双向拉伸聚丙烯(BOPP)。PET 和一些丙烯酸和尼龙也可以用作水蒸气阻隔层。

6.4.1.2　机械性能

大多数情况下,聚合物材料制成的包装必须在加工与包装操作、储存、运输和后续配送过程中经受住各种搬运条件。要求材料具有良好的刚度、抗刺穿或抗弯曲开裂性、高抗冲击或抗拉强度,或能够抗压缩、振动和野蛮装卸。尽管无菌加工和包装地点与传统热加工工艺相比降低了制造过程中对包装的机械要求,但某些机械性能必不可少,以满足后续的储存、配送和搬运要求。此外,对于在食用前需要加热的食品,包装在加热时也必须具有足够的刚性,以保证安全。所有聚烯烃,特别是 HDPE 和 PP 和尼龙以及大多数 PET,都提供了出色保护以防止机械损伤的性能(表 6-3)。根据应用情况,其他材料也可能适用,如高抗冲击 PS HIPS、一些 PP、PC 等。但是,必须适当考虑食品与包装相互作用的影响,可能会改变塑料的机械性能,这将在化学特性一节中讨论。

表 6-3　无菌包装中使用的聚合物材料的一些特性

聚合物	气体渗透性[2]			水蒸气渗透性[3]	其他特性
	O_2	CO_2	N_2		
聚烯烃 —低密度聚乙烯(LDPE)	2.25×10^{-11}	1.215×10^{-10}	8.1×10^{-12}	$4.5\sim6.75 \times 10^{-14}$	良好的抗机械损伤性;优异的耐化学性(油和有机溶剂除外);优良的热封强度,良好的净度,耐热性差,成本低
—中密度聚乙烯(MDPE)	$1.125\sim2.408 \times 10^{-11}$	$0.45\sim1.125 \times 10^{-10}$	$0.38\sim1.4 \times 10^{-11}$	3.15×10^{-14}	多数性能介于 LDPE 和 HDPE 之间
—高密度聚乙烯(HDPE)	8.325×10^{-12}	2.61×10^{-11}	1.89×10^{-1}	1.35×10^{-14}	优良的抗机械损伤性能,良好的耐化学性,较好的热封强度,良好的净度,成本低

聚合物	气体渗透性 [2]			水蒸气渗透性 [3]	其他特性
	O_2	CO_2	N_2		
—聚丙烯 （PP） （刮膜） （双向拉伸）	$0.675 \sim 1.08 \times 10^{-11}$ $4.5 \sim 7.2 \times 10^{-12}$	$2.25 \sim 3.6 \times 10^{-11}$ 2.43×10^{-11}	$1.8 \sim 2.16 \times 10^{-12}$ 9×10^{-13}	3.15×10^{-14} $1.125 \sim 1.8 \times 10^{-14}$	优良的刚度,优良的抗弯曲开裂,优良的抗油性,低温下的低冲击强度,良好的耐热性,良好的净度
离子聚合物	$1.35 \sim 1.8 \times 10^{-11}$	$2.7\text{-}4.5 \times 10^{-11}$	$0.225 \sim 4.5 \times 10^{-11}$	$6.75 \sim 9 \times 10^{-14}$	优良的热封强度,良好的耐化学性(酸除外),优良的净度
乙烯基共聚物 —乙烯—醋酸乙烯共聚物 （EVA） —乙烯—乙烯醇共聚物 （EVOH） （干的） （湿的）	3.78×10^{-11} 2.7×10^{-10} $0.45 \sim 4.05 \times 10^{-15}$ $2.925 \sim 9.17 \times 10^{-14}$	 	 1.8×10^{-11}	$0.9 \sim 1.35 \times 10^{-13}$ $0.63 \sim 1.71 \times 10^{-13}$	优异的柔韧性和抗弯曲开裂性,良好的冲击强度(即使在低温下),良好的热封强度 优良的气体、香味和气味阻隔性,特别是在干燥时,刚度好,热密封强度好
乙烯基塑料 —聚氯乙烯 （PVC） （非塑化） （塑化） —PVDC（均聚物） （共聚物）	$0.18 \sim 1.35 \times 10^{-12}$ $0.45 \sim 6.3 \times 10^{-11}$ 4.5×10^{-15} $0.36 \sim 1.125 \times 10^{-14}$	$0.18 \sim 2.25 \times 10^{-12}$ $0.009 \sim 5.4 \times 10^{-10}$ $0.171 \sim 2.7 \times 10^{-13}$	$0.45 \sim 4.5 \times 10^{-13}$ $0.54 \sim 2.7 \times 10^{-15}$	$0.041 \sim 2.25 \times 10^{-12}$ $0.225 \sim 1.8 \times 10^{-12}$ 1.98×10^{-15} $2.25 \sim 9 \times 10^{-15}$	优异的阻油和阻油脂性,良好的热封强度,未塑化时很好的刚度和硬度,塑化时柔软 优异的阻湿性、阻气性,香味和气味阻隔性,优异的耐化学性,良好的热封强度,超过60 ℃的温度敏感性(不稳定)
苯乙烯聚合物和共聚物 —聚苯乙烯 （PS） —丙烯腈—丁二烯—苯乙烯 （ABS）	$1.125 \sim 1.575 \times 10^{-11}$ $2.25 \sim 3.15 \times 10^{-12}$	$3.15 \sim 5.175 \times 10^{-11}$ $6.75 \sim 9 \times 10^{-12}$	$2.25 \sim 2.7 \times 10^{-12}$ $2.25 \sim 4.5 \times 10^{-13}$	$3.15 \sim 4.5 \times 10^{-13}$ 9.45×10^{-14}	优良的净度(无色、透明),良好的刚度和拉伸强度,但是易碎(为了增加硬度改性橡胶经常被加入抗冲击和高抗冲击PS里 -IPS,HIPS） 与韧性 PS 相似

续表

聚合物	气体渗透性[2]			水蒸气渗透性[3]	其他特性
	O_2	CO_2	N_2		
丙烯酸 —丙烯腈—甲基丙烯酸酯共聚物（改性橡胶）	$2.25\sim3.6\times10^{-14}$	7.2×10^{-14}	9×10^{-15}	$1.575\sim2.25\times10^{-13}$	优良的净度，良好的耐化学性，良好的刚度、冲击强度和抗弯曲开裂性。但是相当易碎。
—聚甲基丙烯酸甲酯	7.515×10^{-13}			$0.585\sim3.6\times10^{-13}$	
—聚丙烯腈共聚物（PAN）（韧化）	4.5×10^{-14} 1.8×10^{-15}			5.4×10^{-14} 1.575×10^{-14}	同上所述 同上所述
聚酰胺类（尼龙） —尼龙 6（挤出）（双向拉伸） —尼龙 66 —尼龙 11 和尼龙 12 —无定型尼龙（美国杜邦）（干的）	1.17×10^{-13} $0.54\sim1.035\times10^{-13}$ 9×10^{-14} $1.53\sim4.14\times10^{-12}$ 8.28×10^{-14} 6.03×10^{-14}	$4.5\sim5.4\times10^{-13}$ 2.611×10^{-13} $0.689\sim1.017\times10^{-11}$	4.05×10^{-12} 2.925×10^{-14} $1.53\sim8.1\times10^{-13}$	$7.2\sim9.9\times10^{-13}$ $4.5\sim5.85\times10^{-13}$ $1.8\sim2.25\times10^{-13}$ 1.8×10^{-13}	优异的抗机械损伤，优良的耐热性（高达 140 ℃），良好的净度，优良的耐油和油脂性，中等的抗酸性和吸水性。 同上所述 同上所述
（湿的）				1.575×10^{-14}	
热塑性 PET（热塑型聚酯）	$0.014\sim1.2\times10^{-12}$	$0.675\sim1.125\times10^{-12}$	$3.15\sim4.5\times10^{-14}$	$0.081\sim8.1\times10^{-13}$	即使在低温下也具有优异的抗机械损害性，优异的耐热性（某些类型最高 200℃），出色的净度，中等的耐化学性，热封强度差
聚碳酸酯（PC）	1.35×10^{-11}	4.838×10^{-11}	2.25×10^{-12}	1.845×10^{-12}	优异的净度，高抗冲击强度，耐化学性适中

1. 信息汇编来源：Paine and Paine 1983；陶氏化学公司，1985；Brown 1987；Briston 1989；以及现代塑料百科全书，1990。

2. 气体渗透率数值以 cm³·cm/cm²·s·Pa 为单位，在大多数情况下，用 ASTM 试验方法 D1434 在 25 ℃ 时测量。

3. 水蒸气渗透率数值以 g·cm/(Pa·s·cm²)为单位，在大多数情况下，用 ASTM 试验方法 E96(E)测得。

6.4.1.3　热稳定和密封性能

在包装成型和材料或包装灭菌过程中,所采用的热处理,即热成型、蒸汽或干热灭菌、过氧化氢和干燥等,不应导致任何显著的变化。在对材料进行无菌热加工过程中引起的任何化学、结构或物理变化都可能导致容器变形,并干扰随后的机器操作(Hahn 1989)。尼龙和PET 是最稳定的聚合物(表 6-3),但是它们价格相对较高。PP 和其他一些聚合物在需要良好的耐热性时提供了经济的替代方案。需要指出的是, LDPE 和 PVDC(表 6-3)对热非常敏感,并且在 60 ℃以上不稳定。

包装材料的密封性能对形成密封容器无疑非常重要,密封的含义是完全密封,特别是防止气体的渗透。对所有类型的包装都是这样,但对于无菌包装尤其重要。大多数容器在包装过程中受到真空或压力的影响。这种压差充当了良好密封的指示器,有缺陷的密封将很快破坏真空或压力。然而,无菌容器要么在没有任何顶隙的情况下生产,要么在近似的大气条件下生产;因此,在无菌包装中检测出有缺陷的密封很困难。由于这个原因,在无菌应用中使用具有良好密封特性的材料至关重要。

用于密封的聚合物不仅应提供良好的密封强度,而且还应能够承受诸如仍然高温且呈热黏性时接触冷产品、振动和粗暴搬运等滥用的密封。 一般来说,聚烯烃或离子型聚合物最广泛地用于密封,尤其是 LDPE,因为它们具有优异的密封性能(表 6-3), FDA 批准其用于食品密封。用于密封的其他材料包括乙烯醋酸乙烯酯(EVA)、PVC、PVDC 和 EVOH。然而,在所有情况下都应该考虑聚合物与食品之间的化学和潜在相互作用。需要注意的是,由于密封性能不佳,应避免使用 PET 作为密封层,除非 PET 经过专门的密封改性(即共聚,Co-PE)。

虽然良好的密封强度、完整性、稳定性和耐用性非常重要,但不应忽视密封剥离性和消费者便利性问题,例如,如果消费者无法打开包装,则应考虑更换设计。在塑料容器中形成密封时,必须特别强调形成足够坚固的密封,以承受预期的破坏,但也应使普通消费者很容易剥开。每次应用都应执行至关重要的优化的密封操作。密封完整性和密封剥离性的测试必不可少(Matty et al. 1991)。

6.4.1.4　化学性能

无菌包装中使用的塑料材料在无菌处理过程中不得发生任何显著的化学、紫外线辐射、热或其他变化。这些变化可能会改变塑料的其他特性,也可能导致内装产品的感官变化。常用的过氧化氢灭菌方法对表 6-3 中提到的塑料几乎没有任何影响。紫外线或其他形式的辐射通常对塑料有一定的影响,应该进一步研究。塑料的网状结构变化是一种常见的辐射引起的变化,它以类似于定向的方式影响材料的阻隔性能。然而,其他辐射引起的变化可能会在储存和配送过程中稍微改变其感官特征,并可能增加塑料材料的黄化。

一旦塑料接触到内装食品,其化学特性和与食品的相互作用就变得非常重要。有些塑料具有优异的耐油耐脂性,如 PP、PVC、尼龙,可用于含有大量脂类和油类的食品包装,而其他塑料,则受脂类影响极大,如 LDPE,(表 6-3)。同样,大多数塑料对酸具有良好的耐受性,可用于低酸和高酸性食品包装;然而,有些塑料,可能会受到强酸的影响,如聚醋酸乙烯酯 PVAc,尼龙,而且影响不可逆。

水是大多数无菌包装食品的主要成分,其存在可能会导致一些塑料发生重大变化。例如,在干燥条件下,EVOH 阻气性非常出色,但在潮湿的环境中,它会吸收水分,失去了抵抗氧气渗透的能力(Blackwell 1989; Scper 1991)。尼龙、玻璃纸、一些苯乙烯和乙烯基塑料在高湿度环境中表现出类似的损失气阻隔性能(Harte and Gray 1987)。

气味吸附是由食品包装相互作用引起的问题。某些塑料,会吸收大量具有类似化学性质的气味成分,即相似相溶性,如 LDPE,一种非极性塑料;非极性 HDPE 吸收非极性气味成分,如 d- 柠檬烯。Miltz 和 Mannheim(1987)报告说,聚乙烯(PE)在接触橙汁或葡萄柚汁时会吸收相当数量的 d- 柠檬烯。这种气味吸收降低了食品的感官品质,并可能大大缩短货架寿命。同一作者的结论是,PE 等聚合物在与食品接触时大大加速了脂质氧化、抗坏血酸降解等特定反应,在一定程度上是由于其表面受过电晕氧化处理。此外,塑料对香精的吸收会导致包装的机械性能发生变化。Harte 等(1991)研究了从橙汁、苹果汁和番茄汁中吸附的有机挥发物对 LDPE、EVOH 和 PET 力学性能的影响。他们发现,某些对降低密封强度、增加或减少冲击强度等效果具有重大意义,值得在包装开发和包装选择中给予特别考虑。

6.4.1.5　光、紫外线防护性能

阳光、紫外线辐射和零售店霓虹灯发出的光严重影响包装食品的货架寿命,因为它们可以催化某些氧化反应(表 6-1)。因此,敏感产品需要使用阻光或紫外线吸收剂的包装来保护内装产品免受光的影响(Hahn 1989),并且已经开发出用于 PET 瓶的透明光阻隔层。在其他情况下,当包装食品对光引起的氧化不敏感时,具有良好的透明度的塑料可能更可取,也更经济。

6.4.2　复合多层结构

通过对所讨论的所有塑料材料进行的严格分析表明,没有一种材料能满足无菌包装的所有包装要求,因为每种材料都缺乏一种或多种重要特性(Hahn 1989)。因此,通常使用复

合多层结构来满足包装设计的需求。例如,如果需要耐热性硬质容器,则其应具有良好的密封强度和气体阻隔性能,则需要组合:①阻隔层 PVDC 或 EVOH;②良好的密封性能的材料 LDPE、HDPE 或 PP 等;③硬质、热稳定性材料 PET 或尼龙。表 6-4 列出了无菌包装可行的复合结构及其主要特性。

表 6-4　无菌包装可行的复合结构

复合材料 [a]	耐热温度 [b] / ℃	特性		其他说明
		阻气性 [c]	阻湿性 [d]	
PS/B/PS	80~90	2~3	2	阻光,可热成型,可机械加工
PS/B/PE	80~85	2~3	2	阻光,可热成型,良好的硬度和耐化学性
PE/B/PE	75~85	2~3	1~2	阻光,韧性好,可挤压,良好的耐化学性,可用吹塑 / 灌装 / 热封(小袋)
PVC/PS	80~85	3	2~3	
PP/B/PE	80~100	1~2	1~2	可触摸,良好的耐化学性
PP/B/PP	120~130	1~2	1~2	可触摸,良好的耐化学性
PS/B/PP	90~110	1~2	2	可热成型
Nylon/B/PE	90~100	1~2	1~2	
Nylon/B/PP	130~140	1~2	1~2	
PET/PP	130~140	1~2	1~2	
Met.PET/PE	~	1~2	1~2	可用于生产箱中袋,对弯曲开裂有一定的敏感性

a. 忽略所有黏合层:B 指 PVDC、EVOH、SiOx、PET 及其他阻隔材料;PE 指 LDPE、LLDPE、HDPE、EVAC 及离聚体。

b. 复合材料结构在制造过程中在规定的温度范围暴露一段合理的时间,它将表现出良好的热稳定性。

c. 数字代表对气体和水蒸气阻隔性能优秀(1),好(2),一般(3);它们应被视为一般准则,而不是绝对值,因为阻隔层或整体复合结构的厚度可能会有显著差异。

d. 还可以使用其它几种金属化结构,如 Met.PET/Met.PET/PE、Met.PET/Met.PE、Met.PET/Met.OPP、Met.OPP/PE 等。关于高阻隔金属化薄膜的更多信息见 Kelly 1989 and Marra 1989。

来源:Hahn 1989 所载资料;现代塑料百科全书 1990;和多家包装材料和包装设备制造商的数据表。

　　层压或共挤可以形成多层结构。层压是将 2 种或 2 种以上的材料,如塑料薄膜、铝箔、纸张,用黏合剂或热黏合结合在一起的过程(Briston 1989)。共挤是将两个或两个以上挤出机耦合成一个单模头,直接从挤出材料中产生复合结构的过程。有时,简单涂布、挤出涂布或镀金属膜等方法也可以用来生产某些层压材料(Briston 1989)。

　　黏合层压是常用的形成包含纸张 / 铝箔层聚合物复合结构的方法。纸张是一种机械性能稳定,具有一定强度,加工性能好的材料,具有良好的耐热性。它还具有良好的阻光性和可印刷的表面,但纸张对水分敏感,在大多数食品包装应用中必须进行涂布。铝箔具有极好的阻气性、阻水性和阻光性,特别是在两层塑料材料之间层压,并且其热稳定性非常好

（Strole 1989）。这些特性使纸／铝箔／塑料层压材料在无菌包装中非常受欢迎。一种广泛使用的无菌纸盒的复合结构如下（Lopez 1987；Bourque 1989；Robertson 2006）：

外层

PE

纸板

PE

铝箔

离子交联聚合物（黏合剂）

食品接触层

PE

其他常用的结构是使用黏合剂生产 HDPE/ 纸板／黏合剂 /HDPE 复合材料（Strole 1989；Schaper 1991）。然而，问题是，聚烯烃内层将选择性地吸收果汁和其他产品的香氛化合物。为了避免气味剥离并延长产品的货架寿命，以下结构中引入了不同的复合成分（Scaper 1991）：

外层

LDPE

纸板

黏合剂

EVOH

黏合剂

食品接触层

EVOH

该复合材料采用共挤涂布制备，具有良好的氧阻隔特性，并以 EVOH 代替 LDPE 作为与食品接触的内层，降低了气味吸附。然而，EVOH 的气体阻隔特性受到湿度升高的不利影响，EVOH 直接与液体食品接触影响尤为严重，这可能是以前广泛地应用 LDPE 作为无菌包装内层的原因。其他复合材料正在进行研究，以便在热封、阻隔性能、机械性能和整体包装性能之间优化成本效益。

此外，上述所有聚合物和复合结构都可以在包装结构的中间层加入黑色等适当的颜料或其他紫外线吸收物质进行改性，以获得更好的阻光性（Hahn 1989）。

6.4.3　选择合适的包装材料

考虑到不同聚合物材料的特性、现有聚合物的多样性、复合结构的合理组合以及各种食品的保护需求,所选择的包装材料必须具有以下作用。

(1)防止腐败和变质。

(2)保持质量和新鲜度,以达到预期的货架寿命。

(3)促进储存和分销。

(4)增加消费者的吸引力和便利性。

(5)降低成本,提高经济竞争力。

Brown(1987)提出了 5 个必选步骤的选择方案,并根据重要程度排序。

(1)选择与食品相容的材料,这些材料也必须符合监管要求。

(2)确定食品在质量下降之前氧气、水分、风味或其他成分得失的最大耐受水平。

(3)确定包装的阻隔性满足预期的货架寿命关键组分得失的耐受水平。

(4)计算阻隔材料厚度。

(5)确定阻隔层相对于食品的位置。

Brown(1987)还建议,在执行上述 5 个步骤之后,在全面开发和生产之前,必须进行额外的储存、运输、分销和预定用途的测试以及经济评价。

上述选择方案有效地淘汰了不能充分保护食品的材料。如果有足够的经验,可能会越过或修改列出的某些步骤。Brown(1987)警告说,食品配方、包装材料成分或处理方法的轻微变化都可能会导致不符合预期的包装性能。

如果充分了解待包装的食品的特性,以上关于材料特性的讨论加上表 6-3 中的信息,可以为初步选择包装材料提供方法,完成包装工艺选择过程的第一步。为执行第二步,就要遵循表 6-5(Bonis 1989;Salame 1989)。表 6-5 提供了关于各种食品对氧气和水分的敏感性的普遍准则。然而,还应通过已发表的文献或实验研究报告收集其他信息,如光敏感性和气味损失耐受性等(Delassus and Hilker 1987;Murray 1989;Delassus and Strandburg 1991;Harte et al. 1991)。一旦获得这些资料,就可以执行选择过程中剩余的 3 个步骤的计算和决策。

表 6-5　各种食品对水分和氧气的敏感性

食品/饮料	水分最大耐受度估计值（＋）或（－）/%	氧气最大耐受度估计值/（mL/L）		氧气最大耐受度测量值/（mL/L）
		(a)[a]	(b)[b]	
啤酒（巴氏杀菌）	—	—	1~2	—
罐装牛乳	-3	1~5	1~3	—
罐装肉	-3	1~5	1~3	—
罐装蔬菜	-3	1~5	1~3	0.5~3.0
罐装汤	-3	1~5	1~3	0.5~3.0
罐装酱类	-3	1~5	—	0.5~3.0
番茄制品	-3	1~5	3~8	0.5~3.0
罐装意大利面	-3	1~5	—	0.5~3.0
葡萄酒	—	—	2~5	—
咖啡	+2	1~5	2~5	3
婴儿食品	-3	1~10	1~3	—
罐装水果	-3	5~15	—	10~25
果汁	-3	10~40	8~20	6~25
干燥食品	+1	5~15	—	—
坚果和快餐	+5	5~15	—	—

a. 来源：Bonis 1989.

b. 来源：Salame 1989.

6.5　无菌加工食品的包装

无菌包装系统适用于多种包装形式。从传统的镀锡板罐、铝质罐、玻璃瓶和玻璃罐到当代层压或非层压的半刚性和柔性聚合物包装容器均可采用无菌灌装和密封。此外，纸板、金属和塑料复合材料是非常受欢迎的无菌包装，其设计从矩形"果汁盒"中另辟新径，以吸引成人消费者。散装包装，如箱中袋、金属桶或周转容器、大型无菌罐、铁路车厢、船只等，广泛用于生产、储存和运输为餐饮供膳和再加工应用的无菌产品。

所使用的容器类型受被包装食品的性质、成本、消费者接受程度、预期货架寿命和产品的预计用途的影响。此外，一些包装材料限于成型方法而使用简单的单层塑料材料，这可能会限制产品的货架寿命。另一些方法则使用含有或不含有铝箔和纸张的多层阻隔结构，进而可以延长货架寿命。

6.5.1 包装成型方法

有几种用于成型无菌包装的成型方法（表6-6），传统方法用于成型和封闭金属容器和复合罐。玻璃容器采用吹制成型。塑料和复合材料或层压材料通过热成型、吹塑或注塑成型或简单密封转化为包装。

表6-6　无菌包装的成型方法

包装材料	包装成型方法	成型包装举例
金属	制罐	金属罐
玻璃	吹制	瓶子,罐子
	热成型	杯,桶,盘
塑料盒复合材料	吹塑	瓶,管,袋等
	注塑	杯,桶,盘
	密封（加热、脉冲、电介质、超声、黏合剂）	袋,盒

热成型的层压或非层压的热塑性材料通常为75~250 μm厚。加热使其温度高于玻璃态转化温度,但低于塑料熔融温度,直到它变得柔软和柔韧。通过拉伸形成包装或将软化的塑料压入适当的模具,最后将成型的包装冷却到室温（Paaine and Paaine 1983；Robertson 2006）。热成型在塑料杯、塑料盒和塑料浅盘的无菌包装中非常流行。所有热成型容器的一个重要方面是壁厚的变化（图6-2）。不规则壁厚是将塑料拉入模腔的结果,这在真空成型系统中尤为明显。这种厚度变化会改变包装的阻隔和其他性能,如果考虑这个问题不正确,可能会降低产品的货架寿命。

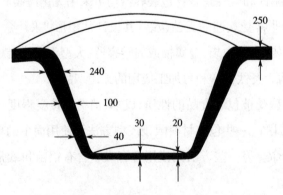

图6-2　热成型塑料容器中的壁厚变化示例（所有数字单位均为 μm）

在吹塑过程中,一个中空的挤出成型的塑料管放在模具的 2 个半模腔之间。然后,模具闭合,在芯管注入空气或其他气体,使软化的塑料扩大至模具的形状。当打开模具以释放成型的包装时,塑料制品应冷却以保持形状。吹塑容器的壁厚变化也是一个问题,但诸如吹制型坯等技术使得成品的壁厚更均匀。吹塑在无菌包装中变得越来越重要,因为容器在制造时是无菌的,因此可以不需要化学或其他包装灭菌步骤,具体取决于所使用的工艺和法规。

在注塑成型过程中,挤出的塑料材料被高压压入模具。当塑料充满模具后,要使其冷却和硬化。然后将成型的包装从模具中释放出来。注塑成型的成品壁厚均匀,但由于熔融塑料的黏性,无法生产薄壁容器。一些无菌包装系统可能使用预制注塑容器。预成型注射成型坯料通常用于生产拉伸吹塑成型瓶,因为注射成型工艺允许严格控制壁厚。

最后,密封是无菌包装中最重要和最关键的步骤。它实际上是使各种包装袋和纸盒形成无菌包装使用的唯一方法。它还必须使最主要材料密封到大多数其他材料上以形成包装,必须始终确保成型包装的密封完整性, ASTM F 88-00 提供了确定柔性阻隔材料密封强度的标准试验方法。如果包装密封有缺陷,容器失去密封性能,将损害消费者的安全。热封操作最重要的参数是:①密封层的温度;②密封口施加的压力;③停留时间。这三者都必须经过优化以达到良好的密封。有缺陷的包装材料、不洁的密封口或密封区域存有食品都可能会导致密封缺陷或密封失效。

热封是最常用的密封方法。电导热封也称为电阻、棒材或带式密封,是最常见的热封类型,但也可使用脉冲密封、电感应密封、超声波密封、介质密封和热线式密封(Robertson 2006)。 Robertson(2006)所述的各种类型封口机的一般形式如下。

(1)导电密封件有两个金属卡爪,一个是电加热器,另一个是有弹性涂层的背钳,用于均匀分布压力并使密封区域的薄膜光滑。

(2)脉冲热封机使用两个由镍离子电阻线或覆盖了聚四氟乙烯的电阻片构成的金属钳口,包装膜夹在低温钳口之间,通过短促而强大的电脉冲加热。

(3)电感密封机适用于涂覆了铝箔的热塑性塑料,如 LDPE,通过将复合材料暴露在磁场中利用感应涡流加热铝箔完成密封。感应线圈和包装之间没有物理接触。

(4)超声波热封机使用转换器将电能(20 kHz)转换为机械振动,锥形焊接头通过薄膜将振动聚焦到砧座上。加压使接触位塑料膜的分子相互撞击而熔合。

(5)介质热封机使用黄铜电极,其中一个接地,另一个在包装各层之间传递高频电流(50~80 MHz)。它通过加热使薄膜液化,从而引起密封。只有能够形成偶极子的极性材料,以及那些在接近软化温度时不降解的材料,才能用这种方法进行热封。

（6）热线式密封是使用低电压电流加热的细线完成的,仅适用于厚度小于 0.05 mm 的薄膜。

6.5.2　包装类型和特点

表 6-7 对无菌包装中使用的容器类型进行了大体的分类,并列举了它们的特点和一些无菌包装的实例。各种尺寸的硬质金属罐(例如,202×214,133 mL 至 18.9 L)机械强度高,具有良好的侧壁刚性,提供绝对的阻隔性能,并普遍具有较高的生产速度。此外,消费者不仅熟悉金属罐,而且相信金属罐的安全性和质量,因为历史证明了其应用。对于其他尺寸的小型刚性容器,也有类似的情况;但是,玻璃瓶易碎,复合罐没有绝对的阻隔性。表 6-7 提供了使用硬质容器的无菌包装系统的示例。

表 6-7　无菌包装的类型及其性能

容器的种类	容器的特性	系统示例
硬质容器		
金属罐	优异的强度、硬度、阻隔性、消费者熟悉度、生产验证	Dole Canning Systems
金属桶、周转容器等	大容量、低成本、成品占用最小的存储空间	Foodtech-FranRica,Scholle
玻璃瓶、罐	强度、硬度、阻隔性、熟悉度、易碎性	Serac,Remy,Bosch,Dole
复合罐	熟悉度、生产验证	
纸板容器		
纸 / 铝箔 / 塑料纸盒	良好的阻隔性、熟悉度、低成本、生产验证	Tetra Pak,International Paper(Fuji)
预成型 / 立式机器纸盒	良好的阻隔性、熟悉度、低成本、生产验证	PKL-Combibloc,LiquiPak
半刚性塑料容器		
卷筒进给热成型杯、桶、盘	生产速率高、输送进来的包装材料占用最小的存储空间、多冲包装容易成型、阻隔性能多样	Benco-Asepack,Bosch-Servac,Erca Continental Can,Thermoforming USA,Crosschek,Stork
预成型杯、桶、盘、瓶	操作灵活、包装容器可以提前检查 / 审核、包装设计的多功能性	Gasti, Hamba, Am-pack-Ammann, Remy, Procomac, Sasib Beverage, Combiblock
塑料软包装容器		
吹塑瓶	生产时无菌、输送进来的包装材料占用最小的存储空间、包装设计的多功能性	Automatic Liquid Packaging, Rommel-lag,Holopack,Sidel,Serac
袋等	低成本、设备简单、输送进来的包装材料占用最小的存储空间	Asepack, Impaco, Berto, Thimmonier, Prodo-Pak,Prepac/Pouch Pack

续表

容器的种类	容器的特性	系统示例
箱中袋 / 桶中袋	低成本、大容量、成品占用最小的存储空间	Bowater, Box/Marston-Trinicon (Freshfill-Trimpack)Astepo, Star Asept

来源：Hersom 1985；Anonymous 1990；Stevenson and Ito 1991；个人交流：David S. Smith；以及大量的设备制造简报。

　　较大尺寸的硬质容器有时用于季节性散装食品的无菌包装。常用的为容量 208 L 的镀锡板桶或 3.79 kL 的不锈钢桶。远洋货船可以无菌运输多达 4 731 000 kL 橙汁，铁路可以运输容量约为 75.7 kL 的无菌散装储罐。散装食品还可以通过普渡大学和 Bishopric 公司（Hersom 1985 DuLopez 1987；Mermelstein 2000）开发的无菌灌装工艺进行灌装。

　　20 世纪 60 年代初，利乐包装（Hersom 1985）引进了四面体形状的纸板容器。然而，由于配送和展示问题，它们在 20 世纪 60 年代被长方体的砖型纸盒所取代，砖型纸盒在货架稳定的牛乳和果汁类产品中取得了相当大的成功。它们的包装材料是纸、铝箔和塑料的层压材料，具有良好的气体、水蒸气、香味和光阻隔性能。纸板具有良好的机械性能（强度和刚性）和可印刷的表面。内部塑料层（通常是 LDPE）提供良好的热封强度，并形成密封的容器。虽然复合包装材料因为有铝箔，具有良好的阻隔性能，但当它表面有划痕、折痕以及加工成纸盒时，其阻隔性能会有所降低。Bourque（1989）报告说，扁平包装材料的氧传输速率约为 $30\sim40$ mL/$(m^2 \cdot d)^{-1}$，但当它表面被划伤时，其传输速率增加到 $1\ 500\sim2\ 000$ mL/$(m^2\cdot d)^{-1}$。这强调了测试成型容器的重要性，不仅是包装材料的性能，而且加工、容器制造、搬运和配送所引起的变化也十分重要，不容忽视。

　　各种容器的氧传输速率由表 6-8 可以看出，纸 / 铝箔 / 塑料复合无菌纸盒允许超过 5 mL/d 氧气进入包装，而使用如 EVOH 或 PVDC 等阻隔层复合材料允许的氧气透过率显著减少，小于 0.01 mL/d。由 PE、PP、PC 或 PS 单层制成的包装具有类似于无菌纸盒的阻隔特性。如果氧化相关的变化是货架寿命关键的限制因素，表 6-8 中的传输速率信息可与表 6-5 结合使用，便于大致估计食品包装系统的货架寿命。

表 6-8　通过各种容器的氧气传输速率示例

容器 / 结构	阻隔层厚度	容器容量	传输的氧气		参考文献
			数量	单位	
杯　　PP/EVOH/PP		174 mL	0.000 2~0.000 5	mL/d	Bourque 1989
瓶　　PP/EVOH/PP		444 mL	0.004	mL/d	Leigner 1989
PP/EVOH/PP 共挤	0.076 mm（EVOH）	1 000 mL	0.067	（mL/L）/d	Salame 1989

续表

容器/结构	阻隔层厚度	容器容量	传输的氧气		参考文献
			数量	单位	
EVOH	0.076 mm	250 mL	0.002~0.010	mL/d	Mechura 1989
EVOH	0.152 mm	250 mL	0.002~0.005	mL/d	Mechura 1989
管瓶 PE/EVOH/PE		473 mL	0.009	mL/d	Leigner 1989
PP/PVDC/PP 共挤	0.127 mm（PVDC）	1 000 mL	0.012	（mL/L）/d	Salame 1989
PVDC	0.076 mm	250 mL	0.005~0.010	mL/d	Mechura 1989
PVDC	0.152 mm	250 mL	0.002~0.005	mL/d	Mechura 1989
涂 PET 的 PVDC 瓶		1000 mL	0.045	（mL/L）/d	Salame 1989
涂 PET 的 PVDC 瓶		355 mL	0.012	mL/d	Leigner 1989
PET/MXD6（尼龙）瓶		709 mL	0.008	mL/d	Leigner 1989
PET 饮料瓶		709 mL	0.088	mL/d	Leigner 1989
PET 沙拉酱容器		355 mL	0.022	mL/d	Leigner 1989
PET BBQ 瓶		651 mL	0.039	mL/d	Leigner 1989
PET 广口瓶		946 mL	0.055	mL/d	Leigner 1989
定向 PET 瓶		1 000 mL	0.083	（mL/L）/d	Salame 1989
PETG 共聚物瓶		1 000 mL	0.440	（mL/L）/d	Salame 1989
PVC 瓶		1 000 mL	0.180	（mL/L）/d	Salame 1989
PVC 广口瓶		946 mL	0.085	mL/d	Leigner 1989
定向 PVC 广口瓶		946 mL	0.080	mL/d	Leigner 1989
聚丙烯腈共聚物		1 000 mL	0.017	（mL/L）/d	Salame 1989
PE		1 000 mL	1.800	（mL/L）/d	Salame 1989
PP		1 000 mL	2.500	（mL/L）/d	Salame 1989
PC		1 000 mL	3.900	（mL/L）/d	Salame 1989
PS		1 000 mL	7.200	（mL/L）/d	Salame 1989
无菌容器（纸/铝箔/塑料）		250 mL	>5.000	mL/d	Bourque 1989

注：在大多数情况下，在 23~25 ℃时测量氧气传输；假定包装内湿度环境为 RH=100%，外部湿度大约为 50% RH；传输单位设为（mL/L）/d，包装内食品重量为 1 kg。

　　现在有种无菌生产的半刚性无菌塑料容器。许多无菌系统用来处理在线热成型或预成型容器（表 6-7）。这些容器通常由具有良好阻隔性能的复合包装材料制成，提供较长的货架寿命（表 6-4 和表 6-8）。这些容器可以用于灌装含有或不含颗粒的弱酸性或高酸性食品。热成型是一种很受欢迎的包装成型方法，因为它可以用于高生产率的生产线，最大限度地减少包装材料进料（卷筒纸）所需的存储空间，并可选择成型复合单元包装。同样，也可以使用预成型包装(热成型、注塑成型或注拉吹成型)。目前的趋势是使用 PET 瓶无菌灌装饮料,其优势在于消费者能够看到与传统无菌果汁盒设计不同的产品。

在无菌包装中,塑料软包装容器越来越重要。吹塑成型瓶可以在生产时杀菌,在吹塑—灌装—密封加工中立即密封,也可以在以后单独灌装时封口。包装袋和其他塑料软包装容器具有低成本的优势。此外,成型、灌装和密封无菌袋所需的设备比任何其他设备都简单得多,所用的包装材料数量明显少于其他包装形式。更简单的设备会意味着更可靠的操作,更减少停机时间。更简易的包装将更吸引目前有环保意识的消费者,包装简易使自然资源消耗更少,环境污染或填埋更少,回收利用的可能性更大。但是,软包装缺乏其他容器的刚性,它们的完整性可能会在搬运和配送过程中受到损害。

最后,无菌箱中袋容积可为 3.785~1 135.5.5 L,具有多样性,成本较低。它们可以由钢桶或纤维桶、纸板箱、木材、金属、纤维、塑料箱柜支撑。软包装的外观与体积比相对较小,而且使用 EVOH、PVDC、铝箔、PET 或尼龙的层压结构,可以实现良好的阻隔性能,最大限度地提高抗冲击、抗穿刺或弯曲开裂损伤。然而,偶尔在灌装头和顶隙区域会发生一些问题。无菌箱中袋主要用于酸性产品,如番茄、水果浓缩汁和葡萄酒等,也可以包装低酸食品。

6.6　无菌包装系统

无菌包装设备大致可以分为 6 种基本类型(表 6-9)。

(1)灌装和密封。无菌灌装系统和使用玻璃或预制塑料容器(热成型、注塑或吹塑)的系统属于这一类。预成型容器先经杀菌,然后放到无菌环境中灌装。预成型容器经过灭菌、灌装,然后在无菌环境中密封。

(2)直立、灌装和密封。将水平输送进来的空白材料竖立成型、灭菌、灌装,并密封。

(3)成型、灌装和密封。这套系统中,在无菌环境中对输送进来的卷材进行灭菌、成型、灌装和密封。典型的系统包括纸盒和袋成型设备。

(4)热成型、灌装和密封对卷料进行灭菌或提供无菌表面。然后在无菌环境中将材料加热、热成型、灌装并密封。

(5)吹塑、灌装和密封。在这个过程中,吹塑成型挤出的材料在包装中灌装产品,并在模具打开前密封,或者将无菌瓶关闭在模具中,并将其送到单独的工位,将无菌容器打开、灌装并在无菌环境中密封。该工艺可生产瓶子和其他半刚性容器。产品在模具打开前装入包装并密封,或者无菌瓶在模具中密封并交付至单独操作:在无菌环境中打开、灌装和密封无菌容器。

（6）散料包装和存储系统。预灭菌（或在线灭菌）袋被无菌灌装和密封。桶和袋先灭菌，然后在无菌条件下灌装和密封。较大尺寸的储罐通常由化学杀菌剂（如含碘混合物，碘伏）或加热灭菌，使用专门设计的阀门进行无菌灌装和密封。

表 6-9　无菌包装系统的分类

无菌包装系统的种类	类型	系统举例
灌装 / 封口	无菌罐装	Dole，Serac，Remy
	预成型塑料容器	Metal Box（Freshfill），Gasti，Crosscheck，Hamba，Ampack，Remy
	玻璃	KHS
竖立 / 灌装 / 封口	盒	SIGPKL-Combibloc，LiquiPak
成型 / 灌装 / 封口		Tetra-Pak，International Paper
	袋	Prodo-Pak，Impaco，Astepo，DuPont，Prodo-Pak，Thimmonier
热成型 / 灌装 / 封口		Benco，Bosch，Conoffast，Thermoforming USA，IWRA-Hassia
吹塑 / 灌装 / 封口		Rommellag，Holopack，Remy，Serac，Bottlepack，Sidel
	箱中袋	Scholle，FMC FoodTech-FranRica，DuPont Star Asept，Liqui-Box，ELPO，Rapak
散料包装 / 存储系统	桶	Scholle，FMC FoodTech-FranRica，Cherry-Burrell
	罐，车厢等	FMC FoodTech-FranRica，Enerfab
	船	Fischer Group

6.7　包装完整性问题

无菌加工与包装的相对复杂性要求质量保障高度成熟，质量控制过程几乎没有误差。向消费者提供安全的产品需要在无菌加工与包装过程中考虑几个关键点。密封缺陷和包装完整性可能是无菌食品后处理污染和微生物变质的主要原因（Ahvenainen 1988）。对欧洲120个无菌系统的调查显示，近50%的作业系统每10 000个包装就有一个以上杀菌不足的包装（Warrick 1990）。杀菌不足包装比例相对较高的可能性要求对包装完整性进行严格的取样和评价。由于包装材料（表6-3和表6-4）和包装类型（表6-7）大量增加，确保包装完整性的挑战更加复杂。

压差、微生物类型和浓度、缺陷深度和形状以及包装食品的黏度等因素决定包装食品微生物污染的最小缺陷的大小。（Floros and Gnanasekharan 1992；Blakistone and Harper 1995）。造成细菌渗透最小缺陷的报告值在0.2~80 μm之间（Harper et al. 1995）；然而，包装测试方法通常是为了查出泄漏的缺陷，而不是发现缺陷的大小或位置。

用于包装评估的方法类别包括：目测检查、实地试验、实际性能观测、不可重现性测试和可重现性测试（Floros and Gnanasekharan 1992）。包装和密封完整性测试分为破坏性方法和非破坏性方法，ASTM 标准年刊（ ASTM 1998-2002 ）和细菌分析手册（ FDA 2001 ）中描述了许多方法。破坏性方法包括部分或完全破坏包装的测试:气泡测试、电解测试、染色测试、爆裂试验和微生物挑战测试（ 表 6-10 ）。破坏性测试揭示了包装的真实性能情况，并可以提供有关诱导包装故障所需条件的重要信息。无损检测的设计不损坏包装或内容物，包括以下方法：目测检查、压差测试、静电测试、超声波和红外热成像方法（ 表 6-10 ）。与破坏性测试不同，非破坏性测试可以离线或在线。在线无损检测的明显优势是,在不减缓生产速度的情况下百分之百地检测包装。

表 6-10　破坏性和非破坏性的包装测试的描述

破坏性测试		非破坏性测试	
类型	描述	类型	描述
气泡测试 ASTM E515	将包装浸入液体中,施加压力或抽真空。有气泡表示存在泄漏。结果是定性的	外观检查 BAM, ASTM	最简单的无损检测方法。对是否存在缺陷(如空隙、皱纹和褶皱, 或产品污染)进行尺寸检查和密封。只预计会显示 75 mm 小的通道, 概率为 60%~100%
电解测试 BAM	没有泄漏的容器是一种电气绝缘体。如果通过使用装有部分盐水溶液对有缺陷的包装施加电势,可以用电压表观察到电流。仅适用于具有非导电层的包装。结果是定性的	压力差 BAM, ASTM D 3078	压力真空衰变方法监测包装外加压室内的压力的变化。这种类型的测试会产生定量结果。微量气体检测法包括测量包装(如 O_2 或 CO_2)中是否存在预先选择的微量气体
染色测试 ASTM F1585 和 F 1929	将染料溶液置于包装的一侧,并直观地检查另一侧是否存在渗透染料。染料试验定性和直观地显示孔洞或缺陷的位置;但是,缺陷的大小尚未确定	电容试验	通过导电板和测量电容之间的包装来进行。密封处介电常数增加表明存在缺陷
爆裂测试 ASTM F1140 和 F 2045	如 ASTM 指定 F 1140 和 F 2045(ASTM 2000)所述,当内部压力以固定流量施加时,爆裂能确定软包装的强度。一旦施加足够的压力爆裂包装,就可以确定密封强度和密封不足的位置	超声波 / 声学 BAM	声波通过包装和介质(如水)传输,然后通过激光振动计测量。低或高灌装水平、低真空、盖子缺失和灌装密度等缺陷可以通过包装振动特性的变化来预测
微生物挑战试验 BAM	用微生物介质填充包装,密封,并浸入细菌液体悬浮液或喷雾气雾剂细菌悬浮液。包装中有微生物生长表明存在泄漏或其他缺陷。微生物挑战测试不能提供有关泄漏大小或位置的定量信息	红外热成像	最好用预测性维护和过程控制热封应用(袋、盖库存等)的。放置在工艺线上的红外摄像机能够在热风后立即检测密封区域的热点和冷点,这两者都会影响包装的密封完整性。
拆解方法 BAM	检查包装,确定是否存在弯曲开裂、不对齐密封、非黏接和密封蠕变等缺陷		

来源:改编自 ASTM 1998-2002;Blakiston e and Harper 1995;Rodriguez 1995;Mauer and Ozen 2004。

ASTM 还建议进行运输、配送和存储模拟测试,评估一级、二级、三级包装在内的包装系统在搬运、配送和存储环境中保护产品的能力。这些测试的 ASTM 文件（1998—2002）见 ASTM D4169、ASTM D 5276、ASTM D642、ASTM D999 和 ASTM D3580。包装系统在模拟配送环境中测试包括:冲击、跌落、振动和压缩。ASTM 包装测试标准清单见 Hanlon 等（1998）和 ASTM 文件（ASTM 1998—2002）。在这些测试之后,可以对包装执行破坏性和非破坏性评估,以确定如上所述的包装完整性。

6.8　无菌包装系统的选择

无菌包装产品包括多种:如单份果汁或果汁饮料、浓缩果汁、果泥和婴儿食品、布丁、牛乳和乳制品、调味饮料、番茄制品、食用油、矿泉水、葡萄酒、酱油等。纸箱板理事会（Carton Council）提供了更详细的无菌产品清单（http://www.aseptic.org/）。

经济因素是从浓缩、冷冻、罐藏等传统保存方法转向无菌加工与包装的主要原因。无菌加工与包装系统初始成本较高,但一旦运行,其产生的可变成本明显低于传统方法。除了经济方面的考虑外,测量颜色、口味等物理参数和维生素降解等化学参数表明,无菌加工极大地改善了产品质量。企业可以提供全年一致的产品,这对于时令水果和蔬菜尤其重要。

选择无菌包装系统时需要了解的因素包括: 灌装能力和包装容积、食品的 pH、存在的颗粒以及所需的系统灵活性。首先要确定的是,该包装系统是针对最终的消费包装,还是作为原料出售给其他食品制造商的中间散货包装。无菌加工系统可以将其商业无菌产品提供给各种包装系统。任何从无菌系统接收产品的无菌容器都可以视为一个包装。无菌包装系统可以灌装小到 50 mL 的包装和大到 1 135 L 的桶中袋。3 785 kL 的无菌散装储罐也有应用。加工者需要确定其产品的市场需求,了解其行业的总体经济状况。一般来说,消费包装的容量可以从 50 mL 的布丁到 2 L 的饮料。对于橙汁或番茄制品这样的商品,使用 208 L 的桶或较大的 1 135 L 的袋包装。对于中间散货包装,芒果块等特殊配料的产品可以使用容量小至 7.7 L 的包装。无菌加工与无菌包装系统需要较长的准备时间,一旦启动就要不间断地进行连续生产。

一旦确定了灌装能力和最终产品用户,产品的化学和物理特性将决定包装系统的选择。无菌包装食品的 pH 是需要明确的关键产品特性。pH>4.6 的食品视为“低酸”食品,因此必须符合 FDA 关于无菌包装“低酸”食品级别的法规。肉毒杆菌是对于 pH>4.6 的食品提高法规级别的原因。有关更多详细信息,请参阅本书的微生物学部分。pH<4.6 的食品视为“高酸”食品,政府另有相应的法规。如果无菌包装系统用于加工低酸产品,则需要获得

FDA 的认证。如果只在系统上包装高酸产品,则无须 FDA 认证;但是制造商应该遵循 FDA 的相关准则。

无菌加工食品的种类越来越多,在食品中包含更大颗粒的需求正在增加,如汤羹中加入蔬菜粒或者在酸奶中加入水果丁。随着泵送技术和换热器设计的进步,能够在保持颗粒形状和食品风味的同时对较大的颗粒进行热杀菌。对于含有颗粒物的产品,一旦确定了 pH 和颗粒的灭菌方式,无菌包装系统就可以适当调整灌装阀和系统管道的尺寸,允许颗粒不间断地流入包装。

无菌系统必须具有加工多种不同产品的灵活性。随着食品制造商不断寻找增加产品价值的方法,不断出现加工不同品种产品的需求。食品制造商希望用他们的无菌加工与包装系统加工和灌装几种产品,但他们最初没有这样计划。例如,在不是为果浆设计的系统上加工和包装果浆,或者具有快速更换产品的能力。虽然不可能在无菌系统上灌装所有类型的产品,但系统制造商需要与加工商合作,并在无菌上的合理性和技术上可行性的条件下实现所需的灵活性。世界上主要的无菌灌装设备制造商都具有不同的专利设计。通常情况下,销售灌装机和包装材料的公司都会根据购买包装材料的协议,以低出很多的价格出售机器。这些公司包括 Lique-box、Scholle 和 Elpo。JBT-Food Tech 等食品设备供应商,销售可用于多种无菌包装的无菌灌装设备。

总之,在为特定应用选择包装时必须考虑许多因素(表 6-11)。产品必须适合无菌加工,并且具有良好的特性,应考虑前面述及的包装选择方案,进行营销研究,清楚地了解消费者的需求和动向,严格地符合法律的要求。表 6-11 所列标准相互关联,应视为一个系统的组成部分。如果设计和实施得当,使用无菌包装可以为消费者提供质量优异的产品,实现季节性产品的经济加工、分销和使用。

表 6-11　无菌包装系统选择的具体注意事项

条件	注意事项
包装材料	类型(塑料、层压材料等)、性能(机械的、阻隔性等)、机械能力、环境相容性、成本
包装形式	大小、形状、机器相容性、熟悉度、成本
灭菌方法	包装相容性、杀菌效率(低 D 值)、生产量、残余物、产品质量影响、对人员健康的危害影响、环境相容性、成本
包装机械	可靠性技术、操作简便性、生产能力(速度)效率(停机时间)、技术支持与服务、劳动力需求、成本(租赁 / 采购 / 安装 / 维修...)、版税、其他
产品 / 包装相容性	产品成分、产品组个性和机械需求、货架寿命需求、迁移问题、味道吸收

6.9   无菌包装未来的发展趋势

从消费者的角度来看,多样性和便利性是推动无菌包装行业持续发展的两个主要动力(Willmer 2007)。消费者要求持续供应来自世界各地的食品和风味。目前美国市场的趋势包括来自远东的即食汤、来自印度的豆类菜肴或来自中东的腌渍食品。消费者更喜欢独特的产品、方便的包装,不需要冷藏,而且易于运输。随着人口老龄化以及饮食与健康之间的联系进一步密切,该行业可能会不断出现新型液体产品,如乳品益生菌市场的持续增长。无菌产品的销售包装设计形式也在持续增加,同时还转向更加环保友好的包装材料。

食品包装行业正慢慢地从传统的不可生物降解的包装材料转向迅速分解或易于回收的材料。开发与传统包装材料物理和化学特性相同的新材料是实现这一目标的最大挑战。这个问题对于无菌加工食品来说更加关键,因为包装是食品加工系统中保持无菌特性的最重要的部分。因此,在无菌加工与包装领域采用新的包装材料的速度可能会低于食品行业的其他部门。然而,无菌包装的回收计划和减少每个包装的材料用量有助于减少无菌包装对环境的影响。

为了满足不断变化的消费者需求,提供各种产品,在生产环境中快速更换产品和包装的能力也变得越来越重要。当制造商在生产过程中更换产品时,包装灌装机也必须能够容易更换。这些变更包括包装的大小或每个不同产品的特定包装设计。包装尺寸或设计的快速转换的例子是,从无果肉的橙汁灌装切换到有果肉的橙汁,包装材料的转换无需停机时间。2006 年底推出的四面斜顶包(Tetra Gemina)包装机首先进入市场满足这一需求。(Elamin 2007)。无菌加工、灌装和包装操作的持续改进将增加无菌加工与包装原料以及消费食品的种类、质量和数量。

致谢

作者衷心感谢普渡大学的 P. E. Nelson 博士、密歇根州立大学的 B. R. Harte 博士和 J. R. Giacin 博士等众多行业专家以及普渡大学无菌加工与包装讲习班的所有参加者。没有他们的支持、质疑、思想与信息的交流,就不可能完成这项工作。

参考文献

Ahmed, F. I. K., and C. Russell. 1975. Synergism between ultrasonic waves and hydrogen peroxide in the killing of microorganisms. *J. Appl. Bacteriol.* 39:31.

Ahvenainen, R. 1988. Quality assurance and quality control of aseptic packaging. *Food Rev. Int.* 4(1): 45.

Alguire, D. E. 1973. Ethylene oxide gas sterilization of packaging materials. *Food Technol.* 27 (9): 64.

American Society for Testing and Materials(ASTM). 1998-2002. *Annual book of ASTM standards. West Conshohocken*, Pa.: ASTM International.

Amman, S. 1989. Aseptic packaging in polypropylene cups and their sterilization with hot air/superheated steam mixture. In *Aseptic packaging of foods*, ed. H. Reuter, 173-189. Lancaster, Pa, : Technomic Publishing.

Anonymous, 1990. *Aseptic packaging USA*, Special report. West Chester, Pa.: Packaging Strategies.

Ashley R. J. 1985. Permeability and plastic packaging. In *Polymer permeability*, ed. J. Comyn, 269-308. London: Elsevier.

Baneijee, K., and P. N. Cheremisinoff 1985. *Sterilization systems.* Lancaster, Pa: Technomic Publishing.

Bayliss, C. E., and W. M. Waites. 1979a. The combined effect of hydrogen peroxide and ultraviolet irradiation on bacterial spores. *J. Appl. Bacteriol.* 47:263.

Bayliss, C. E., and W. M. Waites. 1979b. The synergistic killing of spores of Bacillus subtilis by hydrogen peroxide and ultraviolet light irradiation. *FEMS Microbiol. Lett.* 5:331.

Bayliss, C. E., and W. M. Waites. 1982. Effect of simultaneous high intensity ultraviolet irradiation and hydrogen peroxide on bacterial spores. *J. Food Technol.* 17:467.

Blackwell, A. L. 1989. Ethylene vinyl alcohol resins as a barrier material in multilayer packages. In *Plastic film technology*, vol. 1, *High barrier plastic films for packagings.* ed. K. M. Finlayson, 41-50. Lancaster, Pa.: Technomic Publishing.

Blakistone B. A, C. L. Harper. 1995. New developments in seal integrity testing. In *Plastic package integrity testing*, ed. B. Blakistone and C. Harper, 1-10. Herndon, Va.: Institute of

Packaging Professionals; Washington, D.C.: Food Processors Institute.

Bonis, L. J. 1989. Correlation of coextruded barrier sheet properties with package food quality. In *Plastic film technology*, vol. 1, *High barrier plastic films for packaging*, ed. K. M. Finlayson, 80-94. Lancaster, Pa.: Technomic Publishing.

Bourque, R. A. 1989. Shelflife of fruit juices in oxygen permeable packages. In *Plastic film technology*, vol. 1, *High barrier plastic films for packaging*, ed. K. M. Finlayson, 32-40. Lancaster, Pa.: Technomic Publishing.

Briston, J. H. 1989. *Plastic films*. 3rd ed. Essex, UK: Longman.

Brown, W. E. 1987. Selecting plastics and composite barrier systems for food packages. In *Food product-package compatibility*, ed. J. I, Gray, B. R. Harte, and J. Miltz, 200-228. Lancaster, Pa, : Technomic Publishing.

Crank, J. 1975. *The mathematics of diffusion*. 2nd ed. London: Oxford University Press.

Delassus, P. T., and B. L. Hilker. 1987. Interaction of high barrier plastics with food: Permeation and sorption. In *Food product-package compatibility*, ed. J. I. Gray, B. R. Harte, and J. Miltz, 229-244. Lancaster, Pa.: Technomic Publishing.

Delassus, P. T., and G. Strandburg. 1991. Flavor and aroma permeability in plastics. In *Food packaging technology*, *ASTM STP 1113*, ed. D. Henyon, 64-73. Philadelphia: American Society for Testing and Materials.

Dow Chemical Company. 1985. Barrier properties of selected thermoplastics. Form No. 190-370-1085. Midland, Mich.: Dow Chemical.

Doyen, L. 1973. Aseptic system sterilizes pouches with alcohol and UV, *Food Technol*, 27(9): 49.

Elamin, A, 2007. Tetra Pak sells new packaging line in Spain. http: //www.fbodproductiondaily.com/.

Floros, J. D., and V. Gnanasekharan. 1992. Principles, technology and applications of destructive and nondestructive package integrity testing. In *Advances in aseptic processing and packaging*, ed. R. K. Singh and P. E. Nelson, 157-188. London: Elsevier.

Foegeding, P. M. 1983. Bacterial spore resistance to chlorine compounds. *Food Technol*. 37 (11): 100.

Foegeding, P. M. 1. 1985. Ozone inactivation of *Bacillus* and *Clostridium* spore populations and the importance of the spore coat to resistance. *Food Microbiol*. 2:123.

Food and Drug Administration. Center for Food Safety and Applied Nutrition. 2001. *Bacteriological Analytical Manual*, chap. 22. http: //www.fda. gov/Food/Science Research/Laboratory Methods/ Bacteriological Analytical Manual BAM/default. htm/.

Franks, S. 2006. *Seal strength and package integrity testing for the food packaging industry.* Boylston, Mass.: TM Electronics,

Garcia, M, L., J. Burgos, B. Sanz, and J. A. Ordonez. 1989. Effect of heat and ultrasonic waves on the survival of two strains of *Bacillus subtilis. J. Appl. Bacteriol.* 67:619.

Gyeszly, S. 1980. Shelflife simulation. *Packag. Eng.* 25(6): 70.

Gyeszly, S. W. 1991. Total system approach to predict shelflife of packaged food products. In *Food packaging technology, ASTM STP 1113*, ed. D. Henyon, 46-50. Philadelphia: American Society for Testing and Materials.

Hahn, H. 1989. Plastics and plastic laminates for prefabricated cups. In *Aseptic packaging of food*, ed. H. Reuter, 227-233. Lancaster, Pa.: Technomic Publishing.

Han, B-H, G. Schomick, and M. Loncin, 1980. Destruction of bacterial spores on solid surfaces. *J. Food Proc. Preserv.* 4:95.

Hanlon, J. H., R. J. Kelsey, and H. E. Forcinio. 1998. Handbook of package engineering. Lancaster, Pa.: Technomic Publishing.

Harckham, A. W., ed. 1989. *Packaging strategy—Meeting the challenge of changing times.* Lancaster, Pa.: Technomic Publishing.

Harper, C. L., B. A. Blakistone, J. B. Litchfield, S. A. Morris. 1995. Developments in food packaging integrity testing. *Trends Food Sci. Tech.* 6:336-340.

Harte, B. R., J. R. Giacin, T. Imai, J. B. Konczal, and H. Hoojjat. 199L Effect of sorption of organic volatiles on the mechanical properties of sealant films. In *Food packaging technology, ASTM STP 1113*, ed. D. Henyon, 18-30. Philadelphia: American Society for Testing and Materials.

Harte, B. R., and J. I. Gray. 1987. The influence of packaging on product quality. In *Food product package compatibility*, ed. J. I. Gray, B. R. Harte, and J. Miltz, 17-29. Lancaster, Pa.: Technomic Publishing.

Hartman, L. 2006. Plastic packaging continues to evolve. *Packaging Digest* 9:52.

Hersom, A. C. 1985. Aseptic processing and packaging of food. *Food Rev. Int.* 1(2): 215.

Ito, K. A., C. B. Denny, C. K. Brown, M. Yao, and M. L. Seeger. 1973. Resistance of bacterial spores to hydrogen peroxide. *Food Technol.* 27(11): 58.

Ito, K. A., and K. E. Stevenson. 1984. Sterilization of packaging materials using aseptic systems. *Food Technol.* 38(3): 60.

Karel, M. 1985. Environmental effects on chemical changes in foods. In *Chemical changes in food during processing*, ed. T. Richardson and J. W.Finley, 483-501. Westport, Conn.: AVI.

Karel, M., and N. D. Heidelbaugh. 1975. Effect of packaging on nutrients. In *Nutritional evaluation of food processing*, 2nd ed., R. S. Harris and E. Karnias, 412-462. Westport, Conn.: AVI.

Kelly, R. S. A. 1989. High barrier metallized laminates for food packaging. In *Plastic film technology*, vol. 1, *High barrier plastic films for packaging*, ed. K. M. Finlayson, 146-152. Lancaster, Pa.: Technomic Publishing.

Kodera, T. 1983. Method and apparatus for sterilizing food packages or the like. U.S. Patent No.4,396,582.

Labuza, T. P., and M. Saltmarch. 1981. The nonenzymatic browning reaction as affected by water in foods. In *Water activity: Influences on food quality*, ed. L.B. Rockland and G. F. Stewart, 605-650. New York: Academic Press.

Lea, C. H. 1962. The oxidative deterioration of food lipids. In *Symposium on foods: Lipids and their oxidation*, ed. H · W. Schultz, E. A. Day, and R. O. Sinnhuber, 3-28. Westport, Conn.: AVI.

Leaper, S. 1984a. Comparison of the resistance to hydrogen peroxide of wet and dry spores of *Bacillus subtillis* SA22. *J. Food Technol.* 19:695.

Leaper, S. 1984b. Influence of temperature on the synergistic sporicidal effect of peracetic acid plus hydrogen peroxide on *Bacillus subtillis* SA22(NCA 70-52). *Food Microbiol.* 1:199.

Leaper, S. 1984c. Synergistic killing of spores of *Bacillus subtillis* by peracetic acid and alcohol. *J. Food Technol.* 19:355.

Leigner, F. 1989. Opportunities for multilayer plastic containers in the food industry. In *Plastic film technology*, vol. 1, *High barrier plastic films far packaging*, ed. K. M. Finlayson, 203-210. Lancaster, Pa, : Technomic Publishing.

Loncin, M., and R. L. Merson. 1979. *Food engineering—Principles and selected applications*.

New York: Academic Press.

Lopez, A. 1987. Aseptic processing and packaging. In *A complete course in canning*, vol. 2, by A. Lopez, 160-211. Baltimore: Canning Trade.

Manathunya, V, S. Gyeszly, and W. Clifford. 1977. Shelflife estimation by accelerated test and by calculation. *Package Development* 7 (4): 29.

Marra, J. V. 1989. Metallized OPP film, surface characteristics and physical properties. In *Plastic film technology*, vol. 1, *High barrier plastic films for packaging*, ed. K. M. Finlayson, 195-202. Lancaster, Pa.: Technomic Publishing.

Matty, J. T., J. A. Stevenson, and S. A. Stanton. 1991. Packaging for the 90's: Convenience versus shelf stability or seal peelability versus seal durability. In *Food packaging technology*, *ASTM STP 1113*, ed. D. Henyon, 74-90. Philadelphia: American Society for Testing and Materials.

Mauer, L. J., and B. F. Ozen. 2004. Food packaging. In *Food processing principles and applications*, ed. J. Scott Smith and Y. H. Hui, 101-132. Ames, Iowa: Blackwell.

Maunder, D. T. 1977. Possible use of ultraviolet sterilization of containers for aseptic packaging. *Food Technol.* 31 (4): 36.

Mechura, F. J. 1989. Barrier plastics in rigid form/ fill/seal aseptic plastic packaging. In *Plastic film technology*, vol. 1, *High barrier plastic films far packaging*, ed. K. M. Finlayson, 62-69. Lancaster, Pa.: Technomic Publishing.

Mermelstein, N. H. 2000. Aseptic bulk storage and transportation. *Food Technology* 54 (4): 107-111.

Miltz, J., and C. H. Mannheim. 1987. The effect of polyethylene contact surface on the shelflife of food products. In *Food product-package compatibility*, ed. J. I. Gray, B. R. Harte, and J. Miltz, 245-257. Lancaster, Pa.: Technomic Publishing.

Modem Plastics Encyclopedia. 1990. Section on Engineering Data Bank—Film and Sheet. Mid October 1990 issue, 592-596. Hightstown, N.J.: McGraw-Hill.

Murray, L. J. 1989. An organic vapor permeation rate determination for flexible packaging materials. In *Plastic film technology*, vol. 1, *High barrier plastic films far packaging*, ed. K. M. Finlayson, 21-31. Lancaster, Pa.: Technomic Publishing.

Paine, F. A., ed. 1981. Fundamentals of packaging.Rev. ed. London: Institute of Packaging.

Paine, F. A., and H. Y. Paine. 1983. *A handbook of food packaging*. London: Leonard Hill.

Pascat, B. 1986. Study of some factors affecting permeability. In *Food packaging and preservation*, ed. M, Mathlouthi, 7-24. London: Elsevier Applied Science.

Perkin, A. G. 1982. Hydrogen peroxide and aseptic packaging. *Dairy Ind. Int* 47 (3): 20.

Rees, J. A. G., and J. Bettison, eds. 1991. *Processing and packaging of heat preserved foods*, London: Blackie and Son.

Reuter, H., ed. 1989a, *Aseptic packaging of food*. Lancaster, Pa.: Technomic Publishing,

Reuter, H. 1989b. *Evaluation criteria for aseptic filling and packaging systems*. In *Aseptic Packaging of Food*, ed. H. Reuter, 95-108. Lancaster, Pa.: Technomic Publishing.

Rickloof, J. R. 1987. An evaluation of the sporicial activity of ozone. *A ppi. Environ. Microbiol.* 53:683.

Robertson, G. L. 1993. *Food packaging.* New York: Marcel Dekker.

Robertson, G. L. 2006. *Food packaging principles and practice.* New York: CR.C Press, Taylor & Francis.

Rodriguez J. G. 1995. Noncontacting acoustic ultrasonic analysis development. In *Plastic package integrity testing*, ed. B. Blakistone and C. Harper, 107-111. Hemdon, Va.: Institute of Packaging Professionals; Washington, D.C.: Food Processors Institute.

Salame, M. 1989. The use of barrier polymers in food and beverage packaging. In *Plastic film technology*, vol. 1, *High barrier plastic films for packaging*, ed. K. M. Finlayson, 132-145. Lancaster, Pa.: Technomic Publishing.

Sattar, A., J. M, deMan, and J. C. Alexander. 1976. Effect of wavelength on light-induced quality deterioration of edible oils and fats. *Can. Inst. Food Sci. Technol. J.* 9:108.

Schaper, E. B. 1991. High barrier plastics and ethylene vinyl alcohol resins (a marriage). In *Food packaging technology*, *ASTM STP 1113*, ed. D. Henyon, 3 1-36. Philadelphia: American Society for Testing and Materials.

Silverman, G. J. 1983. Sterilization by ionizing irradiation. In *Disinfection sterilization, and preservation*, 3rd ed., ed. S. S. Block, 89. Philadelphia: Lea & Febiger.

Smith, Q. J., and K. L. Brown. 1980. The resistance of dry spores of Bacillus subtilis var globigii (NCIB 8058) to solutions of hydrogen peroxide in relation to aseptic packaging. *J. Food. Technol.* 15:169.

Sperling, L. H. 1992. *Introduction to physical polymer science.* New York: Wiley.

Stannard, C. J., J. S. Abiss, and J. M. Wood. 1983. Combined treatment with hydrogen peroxide and ultraviolet irradiation to reduce microbial contamination levels in preformed food packaging cartons. *J. Food Prot.* 46:1060.

Stauffer, T. 1989. Non destructive in/offline detection for industrial components and parts. Technical Paper MS89-445. Society of Manufacturing Engineers, Dearborn, Mich.

Stevenson, K. E., and K. A. I to. 1991. Aseptic processing and packaging of heat preserved foods. In *Processing and packaging of heat preserved foods*, ed. J. A. G. Rees and J. Bettison, 72-91. London: Blackie and Son.

Stevenson, K. E., and B. D. Shafer. 1983. Bacterial spore resistance to hydrogen peroxide. *Food Technol.* 37(11): 111.

Strole, U. 1989. Carton laminates for aseptic packaging. In *Aseptic packaging of food*, ed. H. Reuter, 221 -226. Lancaster, Pa.: Technomic Publishing.

Toledo, R. T. 1975. Chemical sterilants for aseptic packaging. *Food Technol.* 29(5): 102.

Toledo, R. T. 1980. Fundamentals offood process engineering. Westport, Conn.: AVI.

Toledo, R. T. 1988. Overview of sterilization methods for aseptic packaging materials. In *ACS symposium series* 365, *food and packaging interactions*, ed. J. H. Hotchkiss, 94-105. Washington, D.C.; American Chemical Society.

Toledo, R. T.s F. E. Escher, and J. C. Ayres. 1973. Sporicidal properties of hydrogen peroxide against food spoilage organisms. *Appl. Microbiol.* 26:592.

Trutschan, A. 1989. Aseptic Packaging in prefabricated plastic cups—Comparison of various sterilization processes and related costs. In *Aseptic packaging of food*, ed. H. Reuter, 142-161. Lancaster, Pa.: Technomic Publishing.

Waites, W. M., C. E. Bayliss, N. R. King, and A. M. C. Davies. 1979. The effect of transition metal ions on the resistance of bacterial spores to hydrogen peroxide and to heat. *J. Gen. Microbiol.* 112:225.

Waites, W. M., S. E. Harding, D. R. Flower, S. H. Jones, D. Shaw, and M. Martin. 1988. The destruction of spores of *Bacillus subtilis* by the combined effects of hydrogen peroxide and ultraviolet light. Lett, *AppL Microbiol.* 7:139.

Wallen, S. E., and H. W. Walker. 1979. Influence of media and media constituents on recovery of bacterial spores exposed to hydrogen peroxide. *J. Food Sci.* 44:56.

Wallen, S. E. 1980. Effect of storage conditions on the resistance of *Bacillus subtilis* var. *niger* spores to hydrogen peroxide. *J. Food Sci.* 45:605

Wang, J., and R. T. Toledo. 1986. Sporicidal properties of mixture of hydrogen peroxide vapor and hot air. *Food Technol.* 40(12): 60.

Warrick, D. 1990. Aseptics: The problems revealed. *Food Manufac.* 65(6):49.

Willmer, K. 2007. Convenience top reason for snacking, new study. http://www.bakeryand-snacks.com/The-Big-Picture/Convenience-top-reason-for-snacking-new-study/.

第7章　无菌加工与包装操作系统的建立

Chandarana, Unverferth, Knap, Deniston, Wiese, and Shafer

赵国忠　编译

前面章节阐述了无菌加工过程中的基本注意事项和相关设备。本章内容将全面地讲述无菌加工与包装操作系统的建立。在建立无菌加工系统的过程中,首先要依据加工产品的特性和工艺选择设备。

合理的设备选择,必须包括产品从预处理储存容器到二次包装设备和仓库货架系统等所有单元。本章重点讨论泵送设备、灭菌加工和无菌包装食品。

在讨论具体设备之前,首先要先了解一些无菌操作的基本原则和要求。无菌加工通常是一个连续的过程,因此,单个生产设备的性能可能会影响整个系统的正常运行,牵一发而动全身。所以,加工商不应该将设备视为组件的机械加合,而应该视作整个系统的有机部分,充分考虑设备不同组件对于产品品质的影响。

例如,在加工过程中,如果板式或管式换热器的换热面的体积不够或类别不对,可以通过提高加热介质的温度,使产品在进入保持管前达到适当的杀菌温度。然而,这种增加将导致产品与加热介质之间的温差增大。这种较高的温差(取决于产品)可能导致换热表面更易结垢,从而降低单元整体传热效率,导致蒸汽需求增大,能耗增加;过多的污垢还将导致产品风味和品质的变化。同时由于管道内污垢难以清洗,微生物附着概率显著地增加,从而增大食品腐败变质的风险。此外,当使用再生器时,如果换热面不够,将无法获得最大的效率。

另一个重要的考虑因素是对灵活性的需求。例如某加工商可能想使用一套生产系统,既可加工果汁又可加工含有颗粒的食品。然而,他应该仔细考虑对通用性的需求,因为实现这种通用性通常需要牺牲对特定产品的工艺优化,增加设备复杂性和成本为代价。这样的系统必然包括额外的管道、联轴器、泵和阀门。系统无菌侧的额外配件不仅增加了更为复杂的控制过程,带来更多的操作不确定性和设备故障的可能性,还增加了无菌产品再次污染的风险。因此,加工商应该根据产品的特定类型或范围定制生产系统。

通常,安装和调试无菌设备通常需要较长的时间。因此,在工业化生产之前,应留出足够的时间完成上述工作。此外,还需要花费时间和资金培训操作人员和质量控制人员。这些人员的技能将决定成败。经过培训合格的无菌操作人员知道如何做以及为什么做,这对于保持设备平稳运行至关重要。选择合理的设备和培训合格的生产人员是成功运营的关键因素。

7.1 产品灭菌设备

7.1.1 产品对设备选型的影响

设备选型之前,生产人员应该首先要了解生产产品的特性。无菌加工的目标之一是优化产品质量,因此所购买的设备(包括系统的所有组件,从进料泵到构成最终包装的材料)应该根据产品的需要进行定购。例如,黏度较大的产品,如布丁或调味酱,最好使用刮板式换热器和大口径管式换热器的组合进行加热和冷却;果汁类的产品,要采取适当的生产设备,例如,使用板式或管式换热器,最大限度地减少风味化合物的损失。在刮板式换热器中,换热管以特定材料为内衬,使换热面的腐蚀最小化。这种材料的选择通常取决于特定的食品种类。将特定材料的加热管用于不同的食品物料可能会损坏换热器表面。

选择设备的另一个因素是产品所需的热处理程度。而产品的 pH 是影响热处理程度的最重要因素。通常,pH $\geq$ 4.6 的低酸性食品需要更强的热处理程度才能达到商业无菌。高酸性产品的加工要求不同于低酸性产品,pH<4.6 的高酸性食品比低酸性食品所需要的热处理程度低,所以低酸性食品对设备换热能力的要求高于酸性或酸化食品。因此,使用同一种设备加工两类产品虽然可以降低生产性投资成本,然而,为高酸性食品设计的装置可能不适合加工低酸性食品。在某些系统中,例如为低酸性食品设计的直接加热系统,在低温下处理高酸性食品时,极难获得稳定的控制。

用于加工低酸性食品的设备在 132.2~148.9 ℃的温度下运行,需要在系统中提供反压,以保障生产的正常进行。在系统的最高温度下,系统的反压至少比产品的蒸汽压高 6.9 kPa,以防止闪蒸。

此外,产品的黏度、粒度、颗粒物的类型以及产品的其他性质,也将影响设备的类型和设计。

7.1.2　产品流量的确定和控制

前几章讲到,食品中微生物的热杀菌效果与杀菌温度和时间有关。因此,采用恒定的温度加热适当的时间,可以达到预期的杀菌效果。在实际生产中,一般认为将产品在加热器中预热后,送入保持管内恒温加热一段时间,但这种认识并不全面。因为产品不会保持静止,而是持续流经整个系统。该管尺寸的设计原则是,在一定的流速下,使最快流速的产品颗粒在保持管内停留一定的时间。因此,若产品在保持管末端的温度大于或等于该过程中规定的最小值,同时流速未超过规定的最大值,那么食品的每个元素都将至少获得最小规定的热处理,即达到产品的预期杀菌效果。

为了保证达到产品的杀菌效果,应确保产品以一定的流速匀速通过整个系统。因此,系统中必须安装恰当的装置,调节通过保持管的产品流速。这通常由正排量泵、进气腔或定时的往复泵或计量泵完成。该泵既可以是匀速的,也可以是变速的。如果是变速泵,则必须安装限速阀,从而不超过产品最大的供给速率。离心泵不能用作定时泵,因为它们不是正排量泵,流量会受系统压力的影响。离心泵可补充稳定的、精准的流量计,并与系统可编程逻辑控制器(PLC)代码中的关键控制因素相关联后,方可作为定时泵使用。

此外,必须配备可以直接显示流量的流量检测装置,用来检测验证具体的产品流量。在实际生产中已经应用这些装置。监管机构已接受该流量计,但是需要提供足够的数据证明此类仪器的准确性和可靠性,以保证这些仪器达到使用标准。

7.1.3　监视器和控制器

为了验证是否满足所有关键因素,设备是否按预期运行,必须配备相应的仪表、记录器和控制装置。应特别注意传感器的位置和控制逻辑。

如前所述,产品的颗粒温度必须在等于或高于规定温度的保持管内保持一定时间。然而,实现适当的保持时间取决于保持管的适当尺寸和产品的流速。需要在保持管的适当位置指示和记录均质产品的温度。使用位于加热器出口的温度记录/控制器监测保持管进口的温度。必须在保持管出口和第一个冷却器入口之间安装一个合适的温度指示装置,如精确热电偶记录器或玻璃水银温度计(MIG)。此外,还必须在保持管出口处的产品流中安装自动记录装置,用以记录产品流速。在保持管出口处测量的温度代表保持管内的最低产品温度。温度记录装置图表刻度在所需产品灭菌温度的 6 ℃ 范围内不得超过 1 ℃。

温度指示装置的处理程序应当记录热电偶或水银温度计的参考温度。必须调节温度记录仪,使其尽可能接近已知的精确温度指示装置,但不得高于精确温度指示值。温度指示装置必须在安装时以标准温度计为参照进行准确性测试,并且每年至少进行一次测试,必要时应更频繁地进行测试,以确保其准确性。对于 A 级无菌乳制品,由当地乳品检验员每季度进行温度测试。

如果使用再生设备,则无菌产品的压力必须始终高于原产品的压力。通常需要在换热单元的原料进口和在无菌产品出口安装压力传感器。必须连续记录未加工产品和无菌产品的压差或单独压力。有关温度监测和记录装置的其他要求和建议,将在第 8 章讨论相关法规,这些职能的负责人员应该熟悉相关的法规要求。

温度监控设备、压力传感器和定时器等通常连接各种控制系统。用于加工与包装设备的控制系统应该适应全自动化的要求。然而,这种适应性不一定完全满足这些装置的管理要求和操作的可控性。评估控制该系统的逻辑,以验证是否有足够的控制,连锁和其他安全特征,并且发挥预期的作用。应该在安装时验证控制软件和系统性能,此后应该定期进行检验。必须定期测试监控关键功能的互锁(报警),以保障它们正常运行,并记录这些测试的结果。获得授权的人员才能修改控制软件的设置。

目前的法规允许使用专用的自动控制系统确保商业无菌,但要求对自动控制系统进行验证,验证内容包括但不限于安装认证、操作认证和关键仪器的校准;监管机构还会检查手写记录和操作人员与控制系统的互动,促进操作人员的控制和管理。自动控制系统和无纸记录可能成为旋转无菌瓶灌装机的必要条件。使用旋转无菌瓶灌装机,可能有 100 多个关键因素,因此,还应包含适当的仪表和记录装置,以便操作员能够观察结果并将信息记录在日常生产日志中。这一预防措施也将作为对自动系统本身的检查。有关自动控制系统的进一步建议,美国食品加工商协会(NFPA)公告第 43-L 条颁布了"无菌系统制造商和使用无菌加工与包装保藏食品公司的自动控制指南"。

7.2　加工系统灭菌

根据监管机构的要求,最终产品加热器下游的所有产品接触表面必须在生产前达到商业无菌。大多数系统使用加压蒸汽或加压热水对处理系统进行灭菌。通过在规定时间内连续循环灭菌介质,将系统的所有部分内的温度保持在等于或高于规定温度,对系统进行灭菌。如果使用蒸汽作为灭菌介质,则必须采取适当措施除去系统中的冷凝水。由于冷凝效应,水的积聚会导致低温,因此,在系统内冷点聚集的凝结水会导致灭菌不足。

　　除了换热器、管道和阀门之外,无菌加工系统还包括其他设备,如无菌泵、闪蒸罐和缓冲罐。由于各种缓冲罐的容量很大,这些装置通常使用饱和蒸汽而不是热水进行灭菌。对于加工系统的其余部分,缓冲罐灭菌可以与灭菌循环分开进行,但如果条件允许应该与该循环同时进行。缓冲罐需要特别注意,例如在灭菌过程中记录热量分布的均匀度。微生物学方面的试验也可以用于确认与缓冲罐相关的无法直接测量温度区域的无菌性。

　　通常由位于系统内最冷点的温度传感器监控预生产设备的灭菌周期。当所有温度均达到或高于既定的最低温度时,灭菌时间仅包括保温管循环的部分。灭菌过程中,如果温度低于最低灭菌温度,定时器应重置为零,待温度恢复到合适时再开始计时。在灭菌期间必须保持对温度的连续记录。

7.3　无菌性的维护

　　在系统灭菌循环完成之后,启动过渡阶段,在此期间,冷却保持管末端以外的系统,为产品导入做好准备。从灭菌结束到生产期结束,系统必须保持无菌状态。将产品保持在恒定的正压下是防止污染物进入系统的最常用的一种方法。如前所述,反压装置一般位于产品冷却器之后灌装机之前,用于使产品保持在一定压力下,该压力通常比产品在其最高温度下的压力高 6.9~10.3 kPa。这种正压不仅可以防止产品闪蒸,还能避免产品在灭菌后再次污染。系统中反压阀和产品灌装机之间的系统也应保持所用灌装机的正压。

　　在无菌生产中,微生物可能通过旋转轴(无菌泵)或往复轴(阀杆)的区域进入无菌系统,因此,需要在所有潜在污染区域设置有效防止微生物进入的屏障,一般采用蒸汽密封。在蒸汽密封的区域内,蒸汽持续吹扫凹槽或外壳纹痕,蒸汽在泵轴周围形成屏障环或覆盖阀门的整个冲程,必须持续向密封区域供应蒸汽。操作员必须验证蒸汽密封的正确操作,操作人员验证通常包括目测单个密封件的蒸汽排放或密封排放点的温度指示。另一种密封方案是使用加压无菌冷凝水屏障,这种屏障是静态屏障,而不是主动屏障的蒸汽密封。在这两种情况下,当系统预消毒时,屏障本身必须预消毒。

　　无菌加工系统使用自动分流装置,防止潜在的非无菌产品进入包装设备。分流装置通常位于反压阀之后,必须设计成能够充分杀菌和可靠操作的装置。通常建议由监控旧管末端温度的控制系统和监控关键因素(如再生器中的压差或缓冲罐中的正压)的其他装置激活分流装置。如果这些关键因素存在偏差,则分流装置将产品流从灌装机转移出来,防止产品被包装。

7.4　预定程序的建立

对于生产货架期稳定的低酸性食品的公司,监管机构要求在分销产品之前,生产工厂需要注册并对热处理和灭菌程序备案。监管机构凭借无菌加工与包装权威机构为产品、包装和设备的灭菌建立适当的参数,以确保最终产品的商业无菌。加工商需要列表汇总产品商业无菌所需的温度－时间组合以及在加工和包装系统实现和保持无菌性的关键因素,作为设定操作程序的依据,并向对应的监管机构备案。加工商从无菌加工与包装权威机构获得书面形式的预定操作程序,并归档保存。

在设计生产商业无菌产品所需温度－时间的预定程序时,需要考虑食品中存在的特定腐败菌和影响公共卫生健康的耐热性微生物。工艺主管部门还必须考虑其他生产要素,如产品流速,产品通过保持管的流动特性以及系统设计和操作等。

7.4.1　确定关键因素

关键因素汇总表包括由工艺部门确定的任何项目,必须对其进行控制和监控,以确保生产的产品达到商业无菌的状态。选择和量化关键因素,作为预定程序的组成部分,从最初设备设计审查期间开始,持续到测试和启动期。在设计审查期间,确定潜在的关键因素,审查仪器和控制功能,并评估是否遵守相关法律法规。应特别注意与每个潜在关键因素相关的监测程序和控制设备。

一旦设备安装完毕,进行测试以验证其能否正常运行。该测试可能会重新修改在评审期间确定的潜在关键因素汇总表。这项工作从预生产灭菌周期开始,以确保所有产品的接触表面都经过适当的灭菌。在整个测试过程中,建立了温度监测和控制点,最终确定灭菌操作的程序。

在系统中安装其他设备将增加与特定操作相关的关键因素。例如,使用无菌缓冲罐的关键控制点是:在任何生产过程中,通过向罐内提供无菌空气或其他气体以确保缓冲罐处于正压力下,只有这样,才可认为缓冲罐是无菌的。根据空气灭菌方法,各种关键因素与空气供应系统相关联。如果对空气进行灼烧灭菌,则需要设置灼烧炉排出空气的最低温度。如果使用细菌过滤器,则需要定期更换过滤介质。这些因素对成功生产无菌产品至关重要。

需要列入预定程序中的其他关键因素包括以下方面。

(1)设备预灭菌周期的温度－时间。

（2）维持再生式换热器内的最小压差。

（3）产品流速。

（4）产品灭菌的温度－时间。

还需要确定包装设备的关键因素，这些因素也是预定程序的组成部分。在包装设备部分将讨论这些因素。

违反任何关键因素都会造成过程偏差。由于不允许包装已出现偏差的产品，如果正在包装，则必须暂停，等待工艺生产部门审查生产记录。

7.4.2　热过程计算

为使产品达到商业无菌，在食品物料方面需要考虑的因素包括以下方面。

（1）潜在腐败微生物的耐热性。

（2）产品进料速度。

（3）食品通过保持管时的流动或流变特性（流动特性）。

（4）保持管尺寸。

通过已建立的模型确定潜在腐败菌的耐热性，并且根据在标准温度（通常为 121.1 ℃）下杀灭特定微生物菌群时间进行量化。

该数值被称为 F 值、灭菌值或目标致死率值。热过程的设计必须使产品每一个颗粒所接受的热量等于或大于目标致死率 F 值。

为了准确计算所需的时间和温度，还必须确定特定产品中目标微生物的灭活率与温度的关系，这种对应关系称为 Z 值，是使致死时间缩短一个对数周（1/10）所需要提高的温度值，是反映微生物耐热性的又一个参数。按照惯例，$Z=10$ ℃ 最常用于低酸性食品的工艺计算或评估目的。

$F_\circ$ 常用于描述标准商业无菌值，指的是在 121.1 ℃ 温度下，以 min 为单位时，目标微生物群（$Z=10$ ℃）的致死率。

确认 F 值并了解目标微生物的 Z 值，可以使生产工艺部门计算任何温度下杀灭相同数量腐败微生物的时间。通过使用下面的公式，可以得出在 138 ℃ 下热处理 7.8 s 的杀菌效果相当于在 121.1 ℃ 下处理 6 min（$F_0 = 6$ min）。涉及无菌加工时，生产工艺部门在特定温度下指定的时间是该产品的最低温度和最短停留时间。

计算出产品达到商业无菌所需的最短停留时间和最低温度后，生产工艺部门即可确定保持管的尺寸。最快移动的食品颗粒获得最短停留时间，在该尺寸下，食品颗粒停留的最短时间也符合相关生产要求,以便每个颗粒都能达到最基本的商业无菌 F 值。

产品在保持管中的停留时间是保持管长度、内径、进料速率和产品流动特性的函数。在保持管内,单个产品元素将根据食品的流变特性以不同的速度流动。一般而言,产品黏度越高,沿管壁流动的阻力就越大。靠近壁的产品流速更小,并且由于进料速率恒定,管中心的产品将获得更快的流速。因此,需要对食品的性质有一定的了解,才能预测流速最大的食品颗粒的停留时间。要通过相关实验测定食品的这些性质,以便为各种产品建立最小停留时间并配置保持管。

食品最快的颗粒决定最短的停留时间,其速度的方程如下:

$$t=L/v_{max} \tag{7-1}$$

式中　t——停留时间,s;

　　　v_{max}——最快移动粒子的速度,m/s;

　　　L——管长,m。

最快移动粒子的速度取决于保持管内的速度分布。

不同作者报告了关于牛顿流体和非牛顿流体食品的流动特性模型。流动特性模型可用于计算管道中的最大速度。

对于牛顿流体的层流,最大速度是平均速度的两倍,即:

$$v_{max}/v_{avg}=2 \tag{7-2}$$

$$v_{avg}=Q/A \tag{7-3}$$

式中　Q——流速,m³/s;

　　　A——截面积,m²。

当流动是湍流时,速度比在 1.2 到 2 之间。

Palmer 和 Jones(1976)比较了牛顿流体和非牛顿流体(幂定律)食品在层流和湍流中的停留时间。他们指出,假设食品在层流中是牛顿流体,那么计算出的最短停留时间将是恒定的。除非食物在层流中是膨胀的。然而,胀流性食品即使存在,也很罕见。因此,当根据适合所讨论的特定食品的流体流动模型估计最快移动的粒子速度,就可以使用方程(7-1)计算停留时间。一旦确定最长停留时间,就可以使用以下方法计算过程温度:

$$T=T_R+Z\lg(F/t) \tag{7-4}$$

式中　T——停留管末端测量的过程温度,℃;

　　　T_R——标准温度,℃;

　　　Z——D 值变化 10 倍所需的温度变化,℃;

　　　t——停留时间,min,由 V_{max} 和灭菌值 F 计算,以实现产品的商业无菌。

7.4.3　工艺确定

一经计算出保持管长度、过程温度和产品流速,并且系统成功完成试运行,就应该进行产品或模拟产品接种包装测试,以确认系统正常运行。这些接种包装通过批量接种适当的产品试验菌,然后按照预定热处理中规定的最大流速(最短停留时间)进行处理。在接种包装期间,使温度发生变化,以产生达到预定致死率值的产品。通常,使用 5 个温度,并连续运行包装,从最高温度开始,然后将温度调整到下一个目标温度。

每个温度间隔至少收集 100 个含有接种产品的包装。这些收集物在试验微生物最佳生长条件下培养,并监测其腐败情况。接种包装的结果应与系统在每个温度下计算的致死率相关,并应确认设备的运行情况。

除上述检验因素外,还应检验和验证加工与包装系统中内置的自动控制和安全装置的功能。

(1)应该验证流动转向装置温度下降或其他故障之后没有包装产品。

(2)联锁装置,例如,在无菌气压损失时系统停机或失去适当的压差。

(3)传感装置、指示器和记录器之间的一致性。

(4)自动控制装置的编程。

(5)系统启动前,按规定的后续时间间隔校准所有传感和测量装置。

此外,建议至少对未接种的产品进行 4 次小规模生产,然后进行包装和培养,100% 检查是否存在腐败迹象,并保存调试和试验的记录以及其他测试结果的数据包。

7.5　无菌包装系统

无菌系统在许多方面都具有独特的性能。这种热处理操作与大多数其他操作不同的特点是,需要记录产品和无菌缓冲罐(如有)、包装的灭菌工艺充分性以及灌装和包装设备的灭菌工艺的充分性。因此,生产过程中还必须考虑这些在包装和包装设备中实现和保持无菌的重要因素。本节首先论述无菌包装设备的分类。

7.5.1　系统描述

无菌包装单元将无菌产品灌装到无菌包装之中,在无菌环境中密封包装。这些系统必须能够完成下列功能。

（1）创造和维持无菌环境，使包装和产品能够结合在一起。

（2）对任何用于生成无菌空气的过滤器进行灭菌，以保持无菌区的无菌状态。

（3）对与产品接触的包装和盖子（如有）进行灭菌。

（4）对将进入无菌区充填器的包装外表面和盖子（如果有）进行灭菌。

（5）将无菌产品无菌填充到灭菌包装中。

（6）生产密封容器。

（7）监测、控制和记录关键因素。

由于无菌设备系统不同，满足无菌要求的方式也不相同。下面将依据上述特性，集中讨论所有无菌包装系统的共同要求。

无菌包装环节使用杀菌剂对包装材料和内部设备表面进行灭菌，创造无菌包装环境。一般来说，这些因素包括热量、化学物质、高能辐射或这些因素的组合。对于无菌包装设备，所使用的杀菌剂必须具有传统罐装食品灭菌系统相同程度的微生物安全性。该规则适用于与食品表面接触的包装材料和构成无菌或无菌区域的机器内表面。必须通过广泛的生物试验证明这些杀菌剂的效能。只有经过彻底的测试和验证，监管机构才会批准在无菌低酸食品的生产中使用密封容器包装设备。

无菌区是无菌包装机的内部区域，在生产过程中要进行消毒并保持无菌状态。该区域是无菌包装和产品在一起进行包装填充和密封的环境。无菌区从包装材料灭菌处或预灭菌包装材料进入处开始，到包装密封完成的包装产品离开无菌区。这两点之间的所有区域都是无菌区的组成部分。

在生产之前，必须使机器内的无菌区达到商业无菌性。该区域可包括各种表面和由不同材料组成的移动部件。杀菌剂必须在整个无菌区域内均匀有效。无菌区一旦灭菌，在生产过程中必须保持无菌。必须具有"允许无菌包装材料进入和密封的成品包装离开无菌区，而不影响无菌区安全性"的机制。

目前使用的无菌包装系统有多种类型，根据包装形式简单地划分如下。

（1）刚性和半刚性容器，包括：金属容器、复合容器、塑料杯和瓶、金属桶、玻璃容器。

（2）层压卷筒纸板和塑料容器。

（3）部分成型的层压纸容器。

（4）热成型填充密封容器。

（5）成型袋。

（6）吹塑容器。

（7）成型－填充塑料袋。

这些类别属于不同的包装系统,参见第 6 章。然而,在美国,并非上述系统都可以用于无菌包装低酸食品,因为这些系统并非都可以通过有效性测试。在购买或使用特定无菌设备前要熟悉其监管状况。

7.5.2　关键因素

与无菌加工设备一样,在预购审查期间,应该确定保证包装设备商业无菌性的重要因素。确定关键控制点通常是设备制造商、加工商和工艺主管部门共同努力的结果。设备制造商提供关于系统总体设计、性能以及各个部件、仪表和控制的信息;对加工商提供生产要求,并提供有关灭菌系统及其控制的权威知识。工艺主管部门将确定与设备运行的每个阶段相关关键因素的适当取值范围。

目前,美国用于低酸食品的包装设备采用过氧化氢加热、过氧乙酸基杀菌剂加热、电离辐射或单独加热对无菌区和包装材料进行灭菌。研究表明,随着温度的升高,过氧化氢的杀菌效果显著增强。过氧乙酸基杀菌剂也有类似的效果。因此,使用化学物质灭菌的无菌设备通常需要进行加热。所以,适用于包装设备和包装材料灭菌的关键因素通常包括:化学品消耗速率、浓度、接触时间和温度。如果仅使用热辐射对无菌区、灌装机和包装材料进行灭菌,那么,温度和暴露时间则为关键因素。一经确定了关键因素,将指定具体的参数取值范围。例如,过氧化氢喷雾的最低温度可能是无菌区域灭菌的关键因素,或者包装材料进料的最大速率可能是容器灭菌的关键因素。

这些关键因素决定了随后的生物无菌测试时设备所采用的条件。随着测试的进行,这些因素及其具体数值可能会根据测试结果进行修改。

7.5.3　生物测试

对于灌装和包装设备,进行的微生物测试取决于使用的杀菌剂或药剂以及包装的产品类型。

表 7-1　无菌系统的微生物测试

灭菌介质	微生物
过热蒸汽	嗜热脂肪芽孢杆菌,多黏芽孢杆菌
干热	嗜热脂肪芽孢杆菌

灭菌介质	微生物
过氧化氢 + 加热	枯草芽孢杆菌,枯草芽孢杆菌变种,地衣芽孢杆菌,嗜热脂肪芽孢杆菌
过氧化氢 + 紫外线	枯草芽孢杆菌,枯草芽孢杆菌变种,球形芽孢杆菌
形成热	嗜热脂肪芽孢杆菌
γ 或电子束辐射	短小芽孢杆菌
过氧乙酸 + 过氧化氢 + 乙酸	蜡样芽孢杆菌,枯草芽孢杆菌
湿热	生孢梭状芽孢杆菌,嗜热脂肪芽孢杆菌

如前所述,在无菌包装系统中,可以使用多种媒介实现商业无菌。不同的灭菌方法可用于包装设备的不同区域(即灌装机与无菌区)以及包装材料本身。由于不同微生物对于不同种类的杀菌剂耐受作用不同,因此不同杀菌剂的测试微生物可能不同。在选择适用于低酸性无菌系统的测试菌时,首先需要确定肉毒梭状芽孢杆菌芽孢或其他对公众健康有重要意义的微生物对所用杀菌剂的耐受性,为了预测不同菌株耐受性的变化,需要使用多种类型的菌株完成该步骤。其次,必须找到耐受性等于或大于最具耐受性的公共卫生重要的无毒微生物用于培养试验。表 7-1 列举了目前使用的对各种杀菌剂最有效的测试微生物。

在选择用于无菌加工和无菌包装系统的测试微生物时,加工者还应该考虑环境中潜在的腐败微生物,如酵母、乳酸杆菌和霉菌。此外,还要测试多个菌株,然后选择一种抗性菌株用于工厂测试。

在用选定的微生物进行培养试验之前,必须"校准"或确定拟用芽孢或细胞的特定悬浮液对灭菌剂的耐受性,因为其耐受性会受到环境条件、细胞自身的生理状态等因素的影响而发生变化。下一步是用测试微生物检验包装系统。假设污染微生物处于干燥状态,则使用干燥的微生物进行试验。为了测试包装设备内无菌区的预生产灭菌周期,可以将微生物直接接种到无菌区,或者接种到金属盘或金属箔条上并干燥。金属盘可以是不锈钢制品,也可以是镀锡薄板。由于在无菌区难以找到测试物的固定点,通常为了便捷,用胶带在不锈钢箔或铝箔上固定测试所用的干燥微生物,然后进行试验。例如,使用 0.127 mm 厚铝箔和带有高温黏合剂的金属化胶带。测试胶带在使用前贴在塑料条上,并在使用前进行高温灭菌。

7.6　无菌包装完整性

在制造过程中,包装完整性测试有两个目的:其一,消除已知的缺陷;其二,提供合理的产品质量预期,即没有显著的缺陷,达到消费者的要求。控制产品质量方法主要是通过抽样调查对随机选出的样品进行破坏性试验和外观检查。大多数快速生产线也要求对统计样本进行目视检查,以防止生产有缺陷的包装。可靠的、统计上有效的抽样测试是检验食品包装系统操作能力的重要内容。这一要求见 21 CFR 113.60(a)。当货架期稳定的低酸性食品采用密封容器进行包装时,加工商必须按照政府法规的频次和要求检查容器密封情况,以确保所生产产品的质量。

对于美国农业部规定的包装产品,食品安全检验局(FSIS)在"肉类和家禽工厂无菌加工与包装系统指南"中提出了对包装测试的规定。该机构要求:"生产商必须采用适当的措施,以确保每个容器在装运前不存在缺陷"。

对于传统类型的容器,如玻璃瓶和金属罐,已经基本建立应该检查的数量和类型之间关系的数学模型。这些年来,通过测量和耐受力评价证明了这些类型容器的接缝或密封件的耐受程度,现在已成为质量控制计划的组成部分。在制定包装评估的试验方法时,无菌容器也采用同样的方法。

美国各地区使用和考虑使用的无菌容器的类型差别很大。因此,在有限的文本中,不可能评述每一类别容器的检测方法。然而,FDA 的细菌分析手册(BAM)提出了一些很好的指导方针。设备供应商和食品加工商负责定义和判定可以接受的包装或产品密封的特征。归根结底,良好的密封可以保护产品内部避免微生物侵入引起腐败,从而保持了容器的密封性,反之,不合格的密封不能发挥如此功能。但是,有瑕疵的密封不一定就是失败的密封。

许多无菌灌装包装材料供应商也提供用于包装的机械。通常情况下,根据合同,包装商不得使用来自其他供应商的包材。根据这些条款,供应商负责研发和提供在可接受范围内运行所需的技术,并将尽量减少包装缺陷。

当生产过程中出现技术故障时,食品包装商应该首先确定是否存在以下 3 个方面的原因。

(1)操作人员或程序错误。

(2)机器调整不当。

(3)材料不合格。

操作文件应该包括包装的抽样和试验程序,并由专业人员对正式文件连续编号、注明日期和签名。必须严格按照标准程序进行校准、测试和测试结果的说明,且精度不允许有任何偏差。

操作文件中应该包括机器的参数设定方法和故障排除指南。清楚标识机械上的所有控制装置、传感器和指示器。在生产前由授权人员检查和校准传感器和控制装置的电路,禁止未经授权人员擅自调整传感器和控制装置。

应该通过实验室测试程序确定包装材料的机械加工性能,而非通过试错法检验。供应商应提供验收标准和试验方法,以便使用方能够识别可能存在缺陷的产品或缺乏有效填充和密封产品的批次。检验不合格的材料或者在灌装、封口过程中未被使用的余料应该另行放置,保留并进行调查。供应商应稍后尽快确定材料是否可以重新使用。

7.6.1　预生产检验

国家食品加工商协会(NFPA)柔性包装完整性小组制定了无菌包装材料以及包装的生产前检验要求,并在 NFPA 公告 41-L "软包装完整性"中公布。

包装材料应该检查是否有明显的缺陷,如针孔和不均匀的密封面。如果包装材料的密封面不平整可能造成不规则的密封面,这种密封面的强度自然低于均匀的密封面。

在规划无菌操作初期,就需要规定包装材料的特殊储存要求。如果储存不当,纸张的含水量变化过大,可能失去一定的柔韧性,发生断裂(造成损坏)。包装材料需要单独存放在温湿度控制区。如果其他材料,如油或化学品,储存在同一区域,包装材料可能会吸收挥发物质,将气味传递到成品。还需要防止包装材料受到空气和水污染源的污染。

7.6.2　基材质量

用于制造供食用的食品,并接触到食品的柔性或半刚性包装的所有基材,如纸板、箔、聚乙烯、聚丙烯和其他塑料薄膜,必须符合适用的 FDA 和其他有关监管机构的法规。所有检验、检查和确认都应该按照制造商既定的程序进行。

NFPA 的公告 41-L "柔性包装的完整性",公布了检查的原则和方法。

7.7　等待调查(HFI)程序

加工商应搁置不符合标准的尺寸和性能特征的材料,并在可见区域贴上红色标签。警告使用红色标签材料可能导致生产的产品不合格。加工商需要遵循等待调查程序(Hold for Investigation, HFI)(改编自 NFPA 公告 41-L, "柔性包装的完整性")。

7.7.1　规格偏差处理

当取样出现一个以上规格偏差时,需要对受影响的材料或包装批次执行 HFI。

7.7.2　确定 HFI 数量

必须保留所有受影响的批次。检查包装的预制造材料,确定开始发生缺陷的时间点。

7.7.3　确定 HFI 包装的处置

根据进一步的评估结果处置保留的材料或包装,以确定有缺陷的批次是否能够实现预定的功能。如果确定由于缺陷、材料或包装无法实现其预定的功能,则应在有缺陷的和正常的材料或包装之间确定批次差异,并根据差异确定分拣或返工。如果分拣或返工可以有效区分有缺陷的和正常的材料或包装,通过淘汰有缺陷的产品可以放行保留的批次。

7.8　包装机械

应检查包装设备的一般运行情况,以及密封口或封头的清洁度、拉伸度和调平度。如果密封装置不洁,尘土积累可能会导致压印浮凸,挤出位于压印区域的塑料材料而削弱密封。另外,如果密封口或密封头在密封过程中滑移或者包装材料上施加的压力不足,或压力分布不均,将导致密封不严。如果这些现象严重,部分密封区域则不能熔合。

7.9　抽样程序

FDA 法规要求,在每次启动时检测每个密封装置的样品,并且在连续操作中至少每 4 h 一次。实际操作无菌设备的取样次数应远多于规定要求。当检测到不合格产品时,需要缩短取样和测试时间间隔。在新操作中,每次启动和操作过程中通常每 30 min 进行一次破坏性测试。取样的目的是确定是否存在影响密封完整性以及产品是否存在外观的缺陷。提高抽样频度可以降低次品率。包装完好的产品才具有商业价值,因此,提高检查频度,可以降低损失。如果抽到不合格包装的事件极少,即可减少抽样数量而不会产生明显的额外风险。

7.9.1　生产线目视检测

经验表明,包装机操作人员是生产无菌产品的关键因素。熟知设备特点和包装材料特性的操作人员是必不可少的,这可以尽可能减少包装相关的问题。

生产线检查包括目视检查和拆卸检查。操作人员或其他有资质人员目视检查包装有否影响成品包装的完整性的质量缺陷。这些缺陷包括前述密封的印花区域、不规则的密封宽度和过热区域。当生产线路速度增加，包装材料的外部可能会发生密封温度过高而烧焦的现象。这种过高的温度会削弱包装材料。这是潜在问题的迹象。

密封区域产品起泡是另一个肉眼可见的缺陷，在密封过程中产品受热膨胀，产生包装材料孔洞。由于各种各样的问题，包括密封温度过低，可能导致密封处没有熔合，使得产品包装熔合度不足。

对于包装材料为卷筒纸的包装设备，检查材料的正确搭接尤为重要。如果纸没有折叠在预制的折痕上，不仅设计失效，而且局部可能存在开裂。

NFPA 软包装完整性小组根据公共卫生的重要性对可目视检测的缺陷进行了分类，并由美国分析化学家协会（AOAC）公布了缺陷类型的照片图表并推荐了读物。NFPA 公告 41-L 进一步定义了这些缺陷。

7.9.2 无菌包装目视检查程序

细菌分析手册第 8 版（BAM）和 NFPA 公告 41-L"柔性包装技术"提供了塑料和复合食品复合包装的测试方法。在对每个样品包装进行破坏性检测之前，应该进行初步目视检查。目视检查包括观察密封缺陷、分层、产品溢出孔洞、撕裂或未粘合密封泄漏、畸形以及压碎或变形区域。在此之后，应该检查生产线设备，以便迅速确定包装异常的原因。以下信息摘自 NFPA 公告 41-L"柔性包装的完整性"。

7.9.3 纸板包装拆解程序

打开所有摇翼（屋顶包除外），通过紧紧挤压产品包装，以检查横向（顶部和底部）和侧面（垂直或纵向）密封的完整性和紧密性。出现泄漏或其他严重缺陷的现象需要立即采取补救行动。

如果包装有纵向密封条，拉下侧面纵向密封的重叠纸层，检查纵向密封带的气体间隙（约 1 mm），挤压包装，检查纵向密封带是否有漏洞。

然后，在密封面对面，用锋利的剪刀刺穿容器，清空内容物。保留密封面，把包装两端附近的折叠部分剪掉，沿着包装长度方向剪出一个大矩形，检查在表面上有否孔洞、划痕或撕裂。

最后，切割侧缝的中心，将剩下的包装切成两半，清洗剩下的两半，用纸巾擦干，标记包装。

密封质量的评价方法与包装设计、结构和密封方法有关。应该从制造商获得特定包装的密封评估的具体程序。例如,密封评估可能包括从密封的一端开始,缓慢小心地拉开密封带。在一些制造商的良好包装中,撕开纤维(在分离的密封区域两侧都可见原纸板)在良好的包装中可以看到整个密封边均有完整的密封。测试每个包装一半的所有 3 个密封边,其问题包括:缺乏纤维撕裂或撕裂过窄,缺乏聚合物拉伸,存在聚合物没有粘合在密封区的"冷点"和聚合物虽然熔化但没有拉伸或纤维撕裂的"假粘"。

对于条形包装的纵向密封,根据制造商的说明进行中心检查、中心标记检查、剥离时铝箔外观检查等附加检验。

7.9.4　柔性包装的拆解程序

通过从每个填充管或密封通道中挤压单个产品包装来检查封头和封边的密封性。关键是检查封头和封边的转角和交叉点,这是一种快速确定明显缺陷的方法。必须准确地撕开所有密封,并评估每个密封的完整性。

仔细检查每个密封的边缘,了解在密封区域是否存在产品。密封区域不应看见任何产品。观察各密封区域的宽度,宽度必须符合机器类型规格。

打开每个包装,检查边封和顶封。视觉检查缺陷包括:密封偏差、折处开裂、未黏结和密封蠕变。

如果产品包装适用,可进行密封拉伸强度测试或破裂测试。然后观察每个密封处撕裂的外观。具体方法为:均匀撕开密封,从包装物的一侧撕掉铝箔和部分复合层,黏附在包装另一侧的密封应该看起来粗糙而呈大理石状。如果铝箔在整个密封长度上裸露或如上所述,可以认为密封具有足够的强度。

最终,必须保留并记录所有的测试结果。

7.9.5　成型、填充和密封容器剥离试验程序

在模具上,挤压整套容器的侧壁。每个杯子都应该被挤压凸出受压面 3.175 mm(1/8 英寸)。挤压包装时,盖子不能与包装分离。观察盖子密封胶层折叠式褶皱的密封区域。同时观察压印环,它在密封区域的完整性致少要达到 90%。

取下第二组容器,每个模具一杯,轻轻地以 45° 剥开每个盖子。观察剥离区域,盖子和

杯子密封表面普遍有霜状外观,则在大多数包装中具有良好的质量。

观察整个包装是否有孔、划痕、边缘宽度是否均匀、内表面是否光滑,以及有否因不洁模具或密封模具引起的缺陷。

7.10　包装完整性的测试方法

表 7-2 总结了各种测试方法。由于包装设备和操作条件不同,测试方法也不同。各种测试方法都有相应的优点和缺点。只有获得说明各种包装缺陷性质的附加信息,才可以应用所选择的方法。有些测试方法不适用于某些包装材料、封口或包装风格。分析检测人员应该参阅包装或密封系统的制造商推荐的测试方法,他们提供了所有常见的方法和选项。

表 7–2　无菌灌装和密封食品包装的试验方法

序号	检测方法	包装形式			
		PP	FP	HSC	MC
1	空气泄漏测试	O	O	O	O
2	生物监测	O	O	O	O
3	爆破测试	O	X	X	NA
4	化学腐蚀	O	O	O	NA
5	压缩,挤压测试	X	X	O	NA
6	分销(损害)测试	O	O	O	O
7	染料渗透	X	OX	O	U
8	电测试	O	NA	NA	O
9	电解测试	X	O	X	NA
10	气体泄漏检测	O	O	O	O
11	培养	X	X	X	X
12	光	NA	O	O	O
13	机器视觉	O	O	O	O
14	相似度测试	O	O	O	O
15	罐缝拆卸	NA	NA	NA	X
16	声	X	NA	X	O
17	拉伸(剥离)测试	NA	O	O	NA
18	真空测试	NA	O	O	O
19	目视检查	X	X	X	X

注:X= 推荐试验方法;O= 可选测试方法;NA= 不适合该包装;纸板包装;FP= 柔性包装;带热封盖的塑料包装;金属双缝罐,拉伸(剥离)试验。

在进行微泄漏测试之前,对包装进行所有的检验。在微泄漏测试期间或之后,标记肉眼检测到的缺陷,以迅速定位。因此,建议使用不溶于水的油墨作标记。记录所有的结果、使用的方法和环境条件,如温度和相对湿度等试验条件参数,并保留这些记录。

实验室测试的标准条件为:温度(23±2)℃、相对湿度50%±5%。当不能达到要求时,应该将温度、相对湿度和测试结果一并报告。

参考文献

Aubry, M. 1983. *Private communication*. Les Ulis Cedex, France: Erca. *Bacteriological Analytical Manual* (*BAM*). Examination of flexible and semirigid food containers for integrity. January 2001, chapter 22C, 8th edition, FDA, Washington, D. C.

Bernard, D. 1983. Microbiological considerations of testing aseptic processing and packaging systems. In *Capitalization on aseptic*, 13. Washington, D. C.: Food Processors Institute.

Bernard, D., Gavin, A., Scott, V. N., Shafer, B., Stevenson, K. N., and J. Unverferth. 1986. Evaluation of aseptic systems. Presented at the 46th Annual Meeting of the Institute for Food Technologists. Dallas, Tex., June 15-18, 1986.

Bird, R. B., W. E. Stewart, and E. N. Lightfoot. I960. *Transport Phenomena*. New York: John Wiley & Sons.

Casson, N. 1959. A flow equation for pigment-oil suspension the printing ink type. In *Rheology of disperse systems*, ed. C. C. Mill. London: Pergamon Press.

Charm, S. E. 1978. *The fundamentals of food engineering*. 3rd ed. Westport, Conn.: AVI.

Denny, C. B., B. Shafer, and K. Ito. 1979. Inactivation of bacterial spores in products and on container surfaces. In *Proceedings of the international conference on UHT processing and aseptic packaging of milk and milk products*, 82. Raleigh: North Carolina State University, Dairy Research, UDIA.

Dervisoglu, M., and J. K. Kokini. 1986. Steady shear rheology and fluid mechanics of four semi-solid foods. *J. Food Sci.* 51:541.

FDA. 2009. Inventory of final environmental impact decisions for food contact notifications. FCN 879. US Food and Drug Administration, Washington, D. C.

Ito, K. A., C. B. Denny, C. K. Brown, M. Yao, and ML. Seeger. 1973. Resistance of bacterial spores to hydrogen peroxide. *Food Technol.* 27:58.

McCabe, W. L., and J. C. Smith. 1976. *Unit operations of chemical engineering*. 3rd ed. New York: McGraw-Hill.

Nakayama, T., H. Niwa, and I. Hamada. 1980. Pipe transportation of minced fish paste. *J. Food Sci*. 45:84.

Palmer, J. A., and V. A. Jones. 1976. Prediction of holding times for continuous thermo-processing of power law fluids. *J. Food Sci*. 41:1233.

Rao, M. A. 1977. Rheology of liquid foods—A review. *J. Texture Studies* 8:135.

Stumbo, C. R. 1973. *Thermobacteriology in food processing*. 2nd ed. New York: Academic Press.

第 8 章　美国无菌加工与包装规定

Lisa M. Wedding

孟德梅　编译

适用于无菌食品加工与包装操作的食品安全监管主要有 3 套法规要求。所有在美国生产和 / 或销售的食品均属于 FDA 或美国农业部（USDA）的食品安全和检验局（FSIS）的监管管辖范围。涉及牛乳或乳制品的无菌操作还必须符合 A 级高温灭菌乳法令（PMO）的规定。产品的组成成分决定了产品必须满足哪一组或哪几组的要求。

目前，这些不同的法规之间存在一些主要差异和许多其他次要差异。因此，食品加工商必须完全熟悉每套适用的法规。

8.1　FDA 法规

除肉类、家禽和加工蛋制品以外，所有食品的商业加工生产均属于 FDA 的管辖范围。所有 FDA 监管食品的一般监管要求通常称为良好生产规范（GMPs），见 21 CFR 110。

FDA 关于"密封容器中包装的热加工低酸食品" 21 CFR 113 的规定也适用于 pH>4.6，包装在密封容器中，且"很少"或不含肉类和家禽的耐储存食品。酸化至平衡 pH $\leqslant$ 4.6 的低酸食品受"酸化食品" 21 CFR 114 的管理。天然 pH $\leqslant$ 4.6 或以下，$A_w \leqslant 0.85$，或在储存和配送期间的冷藏或冷冻食品，不受 21 CFR 113 和 114 的管理。

低酸性食品法规对所有类型的热处理操作都提出了要求。113.40（g）列出了无菌加工与包装系统的具体要求，包括对设备和仪器仪表性能参数的规定。21 CFR108 条规定了对于不符合本条例其他规定的加工商可以实施的应急许可证制度。108.35 款提供了监管法规，以确保产品符合特定的低酸食品要求。108.25 款对酸化食品具有同样的作用。

8.1.1　良好的加工控制培训

FDA 法规（见（21 CFR 108.25，108.35（g），113.10 和 114.10）中各款要求，所有热加工操作都应在操作监管下进行，操作监管人员必须圆满地完成 FDA 批准认可的热处理系统控制、容器封口材料和酸化过程的培训课程。由 FDA、科学和教育基金会（GMA-SEF）资助，美国各地相关大学每年都会举行主办过程控制的学习班。每个学习班的无菌加工与包装系统的培训都可以满足 FDA 对无菌操作监管人员的要求。一些学校，如普渡大学，专门针对无菌加工与包装系统提供升级版的高级培训。将要深入从事无菌加工与包装食品的人员可以发现，这些学校提供的无菌加工与包装中试生产线的"动手"训练十分有益。

8.1.2　权威机构

FDA 官方尽管没有定义权威机构，但该术语通常用于描述一个组织或一个人，能够综合在热加工领域拥有的科学知识和经验，对热加工过程进行科学系统的设计和评估，并能考虑到所有相关的因素。负责无菌系统的权威机构必须了解和掌握无菌加工与包装操作所特有的因素和具体知识。

FDA 和其他监管机构都没有公认的权威机构名单。但是，在政府机构和行业内广泛承认某些特定组织具有履行这一职能的经验和专业知识。一些食品加工公司、咨询机构和设备供应商中的工作人员可以作为权威机构的人员。

8.1.3　流程建立和流程归档

在一些情况下，食品加工商可能具有不同的产品灭菌系统和包装系统的权威机构。无论是包装系统还是产品灭菌系统或者两者兼而有之，权威机构必须确保该系统的设计、安装和仪表能够以生产安全食品的方式运行。本书的其他部分介绍了在开发加热工艺时需要考虑的因素以及对工艺有效性的生物确认过程。

权威机构将收集或监督确保产品安全所需信息。有关资料应包括加工过程起源的证明，作为工艺存档的依据。该文件关键信息包括：产品保持时间和温度、产品流速、保持管长度和直径以及对其他工艺至关重要的因素，这些信息必须输入工艺申报表。无菌食品的工艺备案文件还必须包括生产设备预灭菌特定形式的补充信息，以及获得和维护包装系统以及成品包装的无菌性的信息。

在建立预定工艺时,应充分规定商业生产中遇到的各种变化的类型、范围和组合。必须由权威机构永久保留用于建立流程的数据。

FDA 要求在州际贸易的分销产品之前,注册无菌低酸食品加工厂,并提交热工艺过程和灭菌程序的文件。FDA 法规依靠无菌加工与包装的权威机构为产品、包装和设备的灭菌建立适当的参数,以确保最终产品的商业无菌性。并规定了对出现工艺偏差产品的处理方法和相关记录的要求,其中包括由热加工权威机构选择具有安全意义的偏差进行评估的要求。

目前用于向 FDA 提交的关于低酸食品无菌过程的报表是 2541c。经无菌加工和包装的酸化食品的处理过程使用报表 2541a 归档。此外,加工厂必须使用报表 2541 向 FDA 注册。在 FDA 网站中下载这些报表及其填写说明,网址:

http://www.fda.gov/Food/Foodsafety/Product-Specific　Information/Acidified　Low-Acid Canned Foods/Establishmen Registration Thermal Process Filing/。可在上述网址中找到有关填写无菌包装系统的报表 2541c 的文档。FDA 已开发出低酸罐头食品(LACF)电子文档系统,便于完成和提交注册报表。

报表也可以邮寄至:

LACF Registration Coordinator(HFS-618)

Center for Food Safety and Applied Nutrition

(FDA)

5100 Paint Branch Parkway

College Park, MD 20740-3835

如需更多信息,请通过(301)436-2411 或 LACF@fda.hhs.gov 与 LACF 注册协调员联系。虽然 FDA 没有正式批准设备或流程,但它确实对在美国商业生产销售的无菌加工与包装系统类型的食品行使监管权力,这些系统可以通过审查和接受或拒绝来自各个加工公司的流程备案报表。当公司提交新的无菌加工或包装系统计划表时,FDA 技术人员可以要求加工商提供足够的技术信息,以评估设备的充分性和生产商业无菌产品的程序。通常,设备制造商和公司的管理机构都参与向 FDA 提交该信息。如果认为信息不充分,FDA 有权要求提供更多详细信息,并将过程备案报表返回给加工商。该公司不得在州际贸易中销售该系统生产的产品,直到 FDA 不再对流程申请提出进一步的反对意见。

FDA 依靠对加工工厂的定期检查,监控工厂对法规要求的遵守情况。FDA 对低酸食品厂的检查频率一般为每年一次。然而,个别工厂的检查频率可能会因包装的产品、工厂出现的潜在危险加工问题以及 FDA 检查人员的可用性而有很大差别。

如果公司没有注册其工厂,没有记录其热加工过程,或者没有遵守 113 条中使用"应当"一词来表示的强制性规定,在这些情况下,FDA 禁止其销售产品。FDA 将宣布该公司处于"需要许可证"的地位。只有在申请、批准和收到许可证后,商品加工商才能恢复产品的分销。在获得许可证之前,FDA 可能在加工过程记录经过外部权威机构审查后,才会同意允许产品放行等要求。在公司能证明其已纠正了导致"需要许可证"的缺陷,并且可以保证它将来能够以令人满意的方式运行之前,FDA 不会批准许可证。在这种情况下,将提高检查的频率。这些条例载有规定,可使这些公司在出示不再需要的证明时取消其"需要许可证"的地位。然而,除了少数例外,一旦 FDA 判定"需要许可证",就不会撤销。

8.1.4　FDA 严谨的保守态度

FDA 历来对无菌加工与包装产品的食品安全采取严谨的保守态度。在国外成功销售无菌加工与包装设备的供应商惊奇地发现,多年来在其他地方"令人满意的运营"方式在获得美国监管机构的认可方面几乎没有什么作用。在大多数情况下,为了符合美国法规的特定要求并且向政府机构保证系统运行有一定的安全余地,对设备需要进行一些必要的改进。

FDA 最关心的是最初引入用于商业运营的系统。对于新的加工或包装系统,获得 FDA 认可需要提供非常广泛的数据。但是,一旦 FDA 熟悉该装置,并确保后续装置将进行类似的调整以满足初始审查中规定的条件,加工商运用其他系统申请批准所需的工作量就将大大减少。在这种情况下,与其测试建立安全操作的新参数,不如通过测试证明每个新单元在预先设定的条件下都可以令人满意地工作。

建议加工商和 / 或系统制造商在准备安装新系统时,应及早适当地与相应的监管机构进行沟通。通过致电 FDA 可以知道该机构先前是否已接受任何特定系统流程的申报。如果没有,早期在加工商、设备供应商、加工权威机构和 FDA 之间讨论设备本身和计划的测试程序,可以避免获得过程申报验收的延迟。

8.1.5　包装杀菌剂

只有符合美国国家环境保护局(EPA)和 / 或 FDA 规定的特定申请批准的包装材料和包装杀菌剂才获准使用。例如,FDA 法规(21 CFR 178.1005)限制用于包装灭菌的过氧化氢浓度不超过 35%,并将过氧化氢进入成品食品包装的浓度限制为 ≤ 0.5 mg/kg。178.1005(e)款中列出可以与过氧化氢接触使用的特定塑料。最近,FDA 已经接受了一些无菌包装

系统的工艺申请,这些无菌包装系统使用以乳酸为基础的杀菌剂。专用杀菌剂必须按照
EPA 批准的注册使用水平和个别设备工艺文件的限制规定使用。

8.2　A 级高温灭菌乳法令(PMO)

公共卫生局(PHS)/FDA 在国家州际乳运输协会(NCIMS)的协助下制定了 A 级高温
灭菌乳法令。它是上述机构与各州和乳制品行业的合作项目。该法令是生产牛乳和各种乳
制品的行为准则,各州用于监管乳品生产。从字面意义上看,PMO 最初只涉及巴氏杀菌乳
操作。但是,它于 1983 年修订,包括了无菌加工的 A 级乳制品。PMO 禁止销售掺假或假
冒的牛乳和乳制品,加工商需要获得销售牛乳和乳制品的许可证,监管部门对乳牛场和牛乳
加工厂进行检查。该法令还规定了牛乳和乳制品的检验、标签、巴氏杀菌、无菌加工与包装、
分销和销售;并规定未来的乳牛场和牛乳加工厂的建设计划必须事先获得批准。 PMO 的
规定由州或地方公共卫生机构执行,其人员对条例中规定的各种监督和控制工具进行定期
性的工厂检查和测试。PMO 每两年更新一次。可从 FDA 网站获得 PMO 的当前版本。

http://www.fda.gov/Food/FoodSafety/Product-SpecificInformation/MilkSafety/National-
ConferenceonlnterstateMilkShipmentsNCIMSModelDocuments/ PasteurizedMilkOrdinance2007/
default.htm/.

与 FDA 的 21 CFR 113 一样, PMO 包含了对无菌系统的设备设置和仪器仪表的特定要
求。 PMO 的要求并不能取代 FDA 的要求;它们是额外的要求。因此,符合 FDA 对热加工
低酸或酸化罐头食品定义的乳制品加工商需要提交工厂注册和处理申请表。如果不符合,
与 FDA 管辖范围内的其他操作一样会出现前面描述的“需要许可证”的情况。

PMO 的一些条款与 FDA 的 21 CFR 113 直接冲突。为了帮助解决这些检查问题,
NCIMS 在 2007 年批准了无菌试点计划,以协调 PMO 和 21 CFR 113 之间的监管工作,并评
估减少检查重复和利用两者优势的不同方法。该项目的成功将为 PMO 的未来修订铺平道
路,该修订将取消对无菌加工与包装的 A 级乳制品的多余法规。

8.3　USDA 法规

生产含有至少 3% 生肉或 2% 熟家禽的配方肉类或家禽的产品属于美国农业部食品安
全检验局(FSIS)的监管范围。所有 FSIS 监管产品的一般监管要求见 9 CFR 417 “HAC-
CP”。HACCP 法规要求所有肉类和家禽产品必须遵循 HACCP 计划进行加工,以控制食品

安全危害。FSIS 也有与 FDA 的 21CFR 113 相似的全面罐装食品法规（ 9 CFR 318.300-318.311 和 9 CFR 381.300-381.311 ）。如果根据罐装食品法规生产，那么热加工商业无菌产品的 HACCP 计划不需要处理与微生物相关的食品安全危害问题。

　　FSIS 罐装法规不包括无菌加工与包装操作的详细要求。但是法规确实要求任何未在法规中明确规定并且用于罐装产品的热处理的系统，均应足以生产稳定的、一致的、均匀的产品。FSIS 法规还要求由权威机构制定工艺流程和设备操作程序。

　　与 FDA 一样，FSIS 法规要求热处理系统和容器封闭技术工人在成功完成技术培训的人员直接监督下工作，而这所学校具有对罐装操作的主管进行充分合格培训的资质。

　　FSIS 目前依靠持续的厂内检查，来确保其要求得到满足。与"需要许可证"制度不同，FSIS 有权在有限的时间内暂停检查或无限期地撤回检查服务。这两种措施都可以防止违规企业进一步生产或运输产品。在一定的情况下，FSIS 检查员有权扣留可疑产品，从而防止其从工厂外运。

结 论

　　无菌食品加工商必须熟悉适用于其运营的所有法规要求。通过遵守这些要求，加工商可以确保其无菌产品的安全性，并且尽其所能地促进无菌加工与包装在食品行业的持续增长。

附录　英文缩略语表

英文名称	缩写	中文名称	章
Food and Drug Administration	FDA	美国食品药品监督管理局	1
High temperature short time	HTST	高温短时间	1
Ultra High Temperature	UHT	超高温	1
2,4,6-tribromoanisole	TBA	2,4,6-三溴苯甲醚	2
Code of Federation Regulations	CFR	联邦法规数据库	2
Water activity	A_w	水分活度	2
Clean-in-place	CIP	在线清洗	2
Surface scrap heater Exchanger	SSHE	刮板式换热器	2
Activation energy	E_a	活化能	2
Ascorbic acid	AA	抗坏血酸	2
Reynolds number	Re	雷诺数	2
Lethal rate	LR	致死率	2
Lethality	L	致死时间	2
Pipe length	L	管长	2
Residence time distribution	RTD	停留时间分布	3
Minimum residence time	mRT	最短停留时间	3
Continuous stirred tank reactor	CSTR	连续搅拌釜反应器	3
Good Manufacturing Practice regulations	GMPs	良好操作规范	4
American Public Health Association	APHA	美国公共卫生协会	4
National Food Processors Association	NFPA	美国食品加工商协会	4
Clean-out-of-place	COP	离线清洗	4
Environmental Protection Agency	EPA	美国环境保护局	4
Peroxyacetic acid	PAA	过氧乙酸	4
High-efficiency particulate air filter	HEPAF	高效微粒空气过滤器	4
Ultraviolet ray	UV	紫外线	4
Deoxyribonucleic Acid	DNA	脱氧核糖核酸	4
Hazard Analysis Critical Control Point	HACCP	危害分析关键控制点	4
Plasmin	PL	纤溶酶	5
Plasminogen	PG	纤溶酶原	5

英文名称	缩写	中文名称	章
Plasminogen activators	PA	纤溶酶原激活剂	5
Plasminogen activators inhibitors	PAI	纤溶酶原激活剂抑制剂	5
Plasmin inhibitors	PI	纤溶酶抑制剂	5
5-hydroxymethjyl-2-furaldehyde	HMF	5- 羟甲基 -2- 糠醛	5
Polyethylene terephthalate	PET	聚对苯二甲酸乙二醇酯	5
Polarographic probe or dissolved oxygen probe	DOP	极谱探针或溶解氧探针	5
Ethylene diamine tetraacetic acid	EDTA	乙二胺四乙酸	5
High-performance liquid chromatography	HPLC	高效液相色谱	5
2,6-dichlorophenolindophenol	DCPIP	2,6- 二氯靛酚	5
Association of Official Analytical Chemists	AOAC	美国分析化学家协会	5
Fluorodinitrobenzene	FDNB	氟二硝基苯	5
Dinitrophenyl compounds,	DNP	二硝基苯二氮基化合物	5
Gas chromatography	GC	气相色谱	5
Extended shelf life	ESL	延长货架期	6
American Society for Testing and Materials	ASTM	美国测试与材料学会	6
Polyvinylidene chloride	PVDC	聚偏氯乙烯	6
Ethylene vinyl alcohol	EVOH	乙烯 - 乙烯醇共聚物	6
High-density polyethylene	HDPE	高密度聚乙烯	6
Biaxially oriented polypropylene	BOPP	双向拉伸聚丙烯	6
Polypropylene	PP	聚丙烯	6
Polystyrene	PS	聚苯乙烯	6
High-impact polystyrene	HIPS	高抗冲聚苯乙烯	6
Polycarbonate	PC	聚碳酸酯	6
Low-density polyethylene	LDPE	低密度聚乙烯	6
Medium-density polyethylene	MDPE	中密度聚乙烯	6
Ethylene vinyl acetate	EVA	乙烯醋酸乙烯酯	6
Polyvinyl chloride	PVC	聚氯乙烯	6
Polyvinylidene chloride	PVDV	聚二氯乙烯	6
Acrylonitrile-butadiene-styrene	ABS	丙烯腈 - 丁二烯 - 苯乙烯	6
Polyacrylonitrile copolymer	PAN	聚丙烯腈共聚物	6
Polyvinyl acetate	PVAc	聚醋酸乙烯酯	6
Polyethylene	PE	聚乙烯	6
Ethylene-Vinyl Copolymers-Ethylene Vinyl Acetate Copolymer	EVAC	乙烯 - 醋酸乙烯共聚物	6

英文名称	缩写	中文名称	章
Poly(ethylene terephthalateco-1,4-cylclohexylene-diimethylene terephthalate)	PETG	聚对笨二甲酸乙二醇酯 -1,4- 环己烷二甲醇酯	6
Relative Humidity	RH	相对湿度	6
Bacteriological Analytical Manual	BAM	细菌分析手册	7
Programmable logic controller	PLC	可编程逻辑控制器	7
Mercury-in-glass thermometer	MIG	玻璃水银温度计	7
Food Safety and Inspection Service	FSIS	食品安全检验局	7
Hold for Investigation	HFI	等待调查程序	7
Flexible packages	FP	柔性包装	7
U.S. Department of Agriculture	USDA	美国农业部	8
Grade A Pasteurized Milk Ordinance	PMO	A 级巴氏杀菌乳法令	8
GMA-science and education foundation	GMA-SEF	GMA 科学和教育基金会	8
Low-acid Canned Food	LACF	低酸罐头食品	8
Public Health Service	PHS	公共卫生局	8
National Conference of Interstate Milk Shipments	NCIMS	美国州际乳运输协会	8